認識動物溝通的第一本書

在那些愛與療癒的背後

Yvonne Lin ／著

各種型態的智慧，陪人類開拓自己

　　每天，心裡、腦裡總是好多念頭在環繞、流動，是否想過這些從哪來？眾聲喧譁。以前從未深思，只是覺得好煩。直到有天看著動物園三隻駱駝跑過來跑過去，胡思亂想：你們生於沙漠，卻關在這裡，不覺得無聊嗎？通常我們只是隨便想過去，心裡接著浮出：請不用為我們擔憂，我們自有辦法開心生活。反正平常很多雜念，所以沒在意。繼續看著他們，赫然發現他們腳步輕快走回窩裡。臉上似乎帶著笑意？不想擬人化，但是卻驚覺：那不就是駱駝透過我的心回應！畢竟我沒事幹嘛自己模擬駱駝自問自答呀。

　　從此明白，靜下心來，辨識和傾聽心中和外在小線索，很多是周遭萬物與我的溝通，或者，反映了內在狀態，不同意識間的交流。從日常的閒聊，詢問可否拍照，進展到對生態世界的發現，如何照顧環境。我學會探索生活的細節，善用他們分享的人類自己未及的智慧，互助合作，讓自己的生活更輕快。

　　動植礦物包括昆蟲、微生物，根本是超大型智慧資料庫。他們陪我們開拓自己，更以種種創意型態來作伴，讓地球旅程樂趣橫生。感謝怡芳，貢獻自己給動物王國，累積多年經驗，誠懇地傾聽、觀察、感受、記錄、交流。只為了協助我們更深刻的了解和相處，讓世界真正體現愛的種種面向。

劉慧君 老師──食氣引導者／自主學習推廣者

打開另一番新視界

　　站在「天語翻譯人」的立場下，看到作者以平易而謙遜的態度來描敘與「動物」的溝通，莊嚴的態度佐以柔軟的同理心及小心的推敲求證；這無疑就是一場「動物靈語」的翻譯與經歷，每隻動物也都有內心的世界，對主人如同父母般的依戀，在日常生活中具備了自身的體驗與需求。

　　曾經在「與神對話」活動中，遇到主人與寵物之間難以割捨的思念，相互之間的陪伴，再看看作者細膩而有趣的筆觸，真是讚嘆天地萬物靈性的充沛。

　　拜讀這部著作非常有趣，在一則則事證的導引下，很親和就可以進入作者的珠璣之中，尤其是目錄的編排與標題，這對我無疑是寫一部書的入門教導。

　　每個人內心都有一種嚮往，每個人心中都有一個理想而熱情的事業訴求，與動物溝通如此迷人，想必現代人會熱切喜愛這個領域。而這個領域的細膩、精準來自從業者日復一日的「淨心」與「靜心」所培養出來的敏銳思維與高維度內在視覺並佐以物質理性事務的深入體察。如此美妙神奇的特長，需要一些對自己的耐性，允許自己擴展內在的覺醒與基礎工，尤其對到作者這樣的導師，運用三年時間好好的跟隨，錘練「靜心」與「覺察」然後再去執業助人，定有大成就。

貫譽 老師──身心靈工作者

祝福，
並帶來更多的啟發與愛

　　距離上次出書已6年了，在上一本書我召集了學生們，共同訪問了108隻動物（實際上是107+1隻是讀者的），希望從動物的角度提供人們在生活上一些更不同的啟發。在那之後便一直忙碌於教學，但一直心心念念地希望能夠再帶給大眾更多的東西，一些更深入地，關於動物溝通的故事。

　　這本《認識動物溝通的第一本書：在那些愛與療癒的背後》集結了我數十年的溝通經驗以及心血，期望能透過本書與大家分享由動物溝通師的視角，究竟動物溝通是怎麼一回事，同時傳遞第一手動物的想法予對這領域有興趣的大家。

　　身為動物溝通師十多年，我從動物身上學會的不止敬畏天地與看待生死的觀點，更重要的是，反覆地重溫那種對人類的無條件的愛。而這樣愛人的能力，我們每個人其實都有。和被大眾認為是「神通」的、與萬物溝通的能力一樣，事實上，都是我們與生俱備的。

　　因為想講的太多，再加上太習於講靈性語言，反而不太能將這些大堆頭的智慧結晶翻譯成一般人能夠讀懂的文字。幸運的是在我的身邊有一群很棒的學生，在這本書的寫作過程中幫了我很多的忙，穩定我、協助我統整這十幾年來的教學與溝通經驗並提供更親近大眾的文字、方法及建議。在這段寫書的過程，我同時也經歷了團隊的合作及成長，學習頗多，這對於習慣於一人作業，校長兼撞鐘的我是很大的突破及擴展。

　　於是，在寫作的同時，除了公開分享我的溝通經驗，我也成立了自己的工作室（覺心文化 awakenheart.asia：喚醒更多靈魂，走上覺醒的道路。）

　　這本書是一塊敲門磚，期盼它能打開大眾的視野，從更多不同的角度觀察動物的世界，以動物溝通為切入點，看見這個世界更多的無限可能，以及我們所有人的一體性。

　　閱讀的時候可以試試感受你的心輪（胸口位置），如同小王子說的：「真正重要的東西，眼睛是看不見的。」

　　這本書是我在動物溝通領域的成績單，接下來我想為我所深愛的這個世界，再多做一點事，未來我會著重在「人」的潛能開發，致力帶領人們看見自己內在本俱的光與力量，再將這份力量回饋給整個世界。

　　祝福一切，願這本小小的書能帶給所有讀者更多的啟發及愛。

Yvonne Lin

目錄

Chapter 1
動物溝通到底是什麼？

Chapter 2
動物們不想被問到的問題

Chapter 3
如何和動物一起生活

Chapter 4
那些動物教我的事

Chapter 5
當同伴動物離世

毛天使們的世界

Chapter 6
一些有趣的提問與解答

動物溝通師來解惑

Chapter

1

動物溝通到底是什麼？

動物溝通，超乎你的想像

動物溝通，
超乎你的想像

· ·

動物溝通不單單只是理解動物的一種方法，也可以
協助同伴動物在人類社會發揮力量，更可以讓身為
人類的我們，有重新打開感官感受一切的機會。

　　我是一個動物溝通師。

　　不同於一般的溝通師，我的溝通技巧是來自於內在自我的喚醒，也因此實際上我不僅能夠跟動物溝通，也能夠跟礦石、植物，甚至是無生命體溝通。因這本書重點在動物溝通，所以就不先談其他跨物種溝通，也許以後有機會再另外分享。

　　雖然我的溝通技巧是來自於內在自我的喚醒，但也不是一出生就能夠跟動物溝通。小時候的我，就跟大家一樣，對動物有非常多的好奇，喜歡親近動物也喜歡去動物園，尤其喜歡看黑猩猩們，因為覺得牠們跟人類很像，牠們的動作、表情，都讓我覺得非常不可思議，怎麼會有動物這麼像人類？所以對於達爾文的人類演化論，說實在，小時候我是非常相信的。但隨著長大見識多了，反而覺得演化論有其局限，期待在未來有科學家能給我們更好的解答。

　　說到動物園，因為現在可以跟動物溝通了，所以動物園就沒那麼愛去了。

小時候眼中很可愛的動物們，現在再看到牠們，完全是不一樣的感覺了，但是也沒有大家想像的那麼悲情。還記得有一次我帶著小孩們去動物園，那天小朋友吵著要看老虎，我們繞了整圈就是沒有看到，恰巧我就站在海獺的籠子前，乾脆問一問，只是那海獺當下一個勁地試圖讓自己鑽過角落的小欄杆。

好奇之下，我開口直接問了一下牠在做什麼？牠頭也不抬地直接告訴了我：「妳不要吵，我要從這裡溜出去，等一下工作人員看到了，我就沒有辦法出去了！」牠的答案讓我愣了一下，看來我打擾到牠了，但是，我還是問了牠老虎在哪裡？牠的回答更有趣了：「老虎下班了！」什麼叫做老虎下班了？這是一個什麼樣的答案，我不懂。於是，我決定直接去問人，走了一小段距離，找到小攤販，再問了一次老虎的位置，小攤販回答我：「現在五點多了，老虎已經關籠囉。」我這才恍然大悟，難怪海獺說老虎下班了。

動物溝通的定義

其實動物溝通很簡單，但是也不是那麼簡單。主要還是在於學習者的感官切換練習以及內在信念意識框架的拆除。

什麼是感官的切換？簡單說，就是從外感官轉到內感官。外感官就是我們一般人熟知的眼、耳、鼻、舌、身；內感官就是意。而啟動這感官轉換的機制就是把注意力從外在世界轉移到內在世界，最簡單的方式就是靜心。而內在信念意識框架的拆除則是用來進（淨）化我們的意，進而可以輕鬆地進行跨物種溝通。

當我們在進行動物溝通的時候，動物的訊息會根據溝通師本人的感官使用習慣，被包裝成各式各樣的意識包裹傳遞，有圖像、聲音、味道、體感、情緒、心念等等。例如，有些溝通師他的內在視覺比較敏銳，在接收動物的訊息

的時候就大多是以圖像為主；有些則是內在嗅覺敏銳，在接受動物訊息的時候就會以氣味為主。

　　就像我們在使用外感官的時候，也會有那種好鼻師或者是眼睛很敏銳的人，他們在與環境互動時，這些感官的訊息就會比較凸顯。同樣的，動物也有牠們各自比較敏銳的感官或者是習慣的表達方式，這也會關係到訊息傳遞的方式。所以一場動物溝通下來，溝通師是很忙的，他得去理解並轉譯不同的意識包裹，同時在內感官跟外感官之間來回切換，以協助動物與飼主可以互相理解彼此。

動物們給予的感官體驗

　　記得有一次的溝通，遇到一隻非常詩性的小瑪爾濟斯，所有的問答皆是以譬喻的方式回答。弄得我和飼主兩人好似猜謎一樣，答對了，三方都開心，答錯了，三方都皺眉。飼主問牠：「當我心情不好的時候，你的心情如何呢？」（我知道這聽起來像情侶之間愛的確認，但大家都好愛問這類問題哦。）小瑪爾濟斯是這樣回答的，應該是說，牠直接傳了一個水壺中的水在爐上被煮開了，水壺發出鳴叫聲的畫面給我。猜猜這是什麼意思？其實牠是想表達當牠的飼主心情低落難過時，牠的心情宛如爐上的開水壺傳來的鳴叫聲那樣地緊張、著急。有沒有很詩性？你猜到了嗎？

　　而有時溝通是充滿味覺的，尤其是溝通到喜歡分享食物的寵物鼠們。牠們遇到可以一起聊天的人類時會很開心，常常一開心便會主動遞上牠們的美食與溝通師一起享受。牠們眼中的美食第一名永遠是那軟軟肥肥的麵包蟲，有時還來不及拒絕，口中便已充滿了那種怪異軟糯的口感及味道。是的，我們也會接收到各種食感。你可以想像當一隻因為異食癖的同伴動物被帶到溝通師面前尋

求溝通時的景象嗎？尤其是喜歡吃排泄物的同伴動物們。我們都戲稱這是動物溝通師的職業傷害之一。

與動物連結溝通上了嗎？

這是動物溝通初學者的疑問。其實我們會透過觀察被溝通動物的反應來確定是否連結上。當動物們真的跟你進行溝通交流時，牠們像人一樣，也會有各種面部表情、肢體語言的變化，這也是我們判斷的其中一項根據。

當動物是透過照片來進行溝通時，我們則會根據身上的各種同步反應來確定是否有連結上。什麼是各種同步反應呢？當我們與動物連結上時，牠們會傳遞各種訊息封包給動物溝通師，有嗅覺、味覺、視覺、聽覺、甚至是當下的情緒感受，有時甚至會有牠們身體不適的感受。我們透過這些感受來對照動物當下傳遞的訊息及所處的環境是否有連結，來判斷溝通的成功與否。所以，為了能快速且準確的判斷訊息，溝通師必須對於自身的能量判斷感受有清晰的認知，才能避免內外訊息混淆。

為了確保學員與動物們順利連結溝通上，而且是正確的那一隻，我會要求他們在正式溝通前一定要先進行身分確認。我們會透過與動物們溝通得來的各種生活資訊、居家環境、飲食起居、或是與飼主之間的小祕密、相處的模式，來與飼主核對是否是他的毛小孩。

在課堂上，我會帶領學員進行各種溝通練習，還記得有次某學員分享她的身分確認經驗，她說，貓咪傳遞給她一股非常甜美的花香味，有點像是玫瑰，很甜很甜，那是牠最喜歡的味道，只要媽媽洗完澡出來，就會在身上一直抹白白的東西，然後就會有這種味道飄在空氣中。貓咪的飼主，也就是另一位學員當場表示，那是她最喜歡的某國外品牌的乳液，她很訝異貓咪竟然對這個味道

如此喜愛。

身分確認的有趣經歷

也有飼主知道我們在溝通前會先進行身分確認，所以會先跟毛小孩約定好「通關密語」，然後要求溝通師必須先問到這句話，回答正確就代表連結到了。在一次的學員互相練習中，A學員跟她的貓咪約定好一句話，然後請B學員詢問她的貓咪。貓咪剛開始很不願意，一直覺得那句話很不好開口，於是B學員使出各種哄小孩的招式，連哄帶騙，貓咪才吐出一句：「好啦！我愛媽咪。」A學員一聽到答案，立馬開心地直說：「你答對了！你真的連上我的貓咪了。」

我自己也有一次很有趣的身分確認經驗。那是一隻超級聰明的狗狗，照例我得跟牠要一些只有牠的飼主知道的事，才能通過身分確認。沒想到，狗狗反問了我一句：「我怎麼知道妳是不是真的跟我媽媽在一起？她開的車是什麼顏色？」我只好轉而問飼主是否有開車，車的顏色又是什麼？飼主一直笑，也給了顏色。狗狗又再追問：「那她今天拿出門的包包是什麼顏色，長什麼樣？」我只好再看一次飼主的包包，然後回應牠。牠甚是滿意了，才開始換我可以問牠一些「私人資料」，可以說相當地警慎。

牠後來給我一些非常特別的動作，來證明牠是要溝通的那隻狗狗。牠傳來了緊貼著飼主走路的樣子，非常服從，不似一般的狗狗。接著又傳了一個牠常去的房子室內樣貌給我看。我轉告飼主後，飼主笑了，並說明牠是一隻受過訓練的狗狗，是安全守護犬，所以會貼著飼主走路。而那房子是牠之前受訓時住的地方。

不過，身分確認有時還挺麻煩的，尤其是遇到心情不好或是警戒心過重的毛小孩，就會容易失敗，往往得再另擇方法或是其他時間再次溝通。此外，因

為得要對應一些生活細節，如果來溝通的飼主或是委託者無法協助確認，往往我們就會選擇不溝通，以避免浪費三方時間。

動物溝通好處多多

有時我常在想為什麼要以動物溝通師為志業，甚至培養這麼多動物溝通師來跟我一起工作？我想應該是那些飼主及同伴動物之間的愛感動了我吧！說實話，我非常喜歡也享受這份和諧及愉悅的氣氛，那大大地超越了愛動物的心。我的畢生願望是世界大同，對！跟偉大的國父孫中山是一樣的；但又討厭政治的爾虞我詐，所以決定從動物及人的關係下手。如果要讓雙方關係和諧，那第一步就是溝通。如果雙方無法溝通，那一定充滿各種誤解，也不用談什麼關係和諧，甚至互相利益、扶持了。

記得有一次在動物園，對，又是動物園，在大象的場子前，我親眼目睹一對父子很溫馨地倚在一起，看著場子中不斷扇耳踏腳的大象，父親如此地告訴身旁的小兒子：「你看大象在跳舞耶。」小男孩聽了，開心地直說：「哇！真的喔！好厲害！」天知道，那當下我聽到大象是這樣說的：「我要吃，我餓了，你過來，把我的腳解開！（氣呼呼）」我順著大象的眼光繞到象舍旁才看到工作人員在象舍的另一頭正準備著牧草。而大象的單腳則被鏈子暫時固定著。牠根本不是在跳舞，而是急而煩躁呀！

人類對動物的誤解百百種

又有一次，則是發生在一隻小貓的身上。那是位因為工作因素，得常常留守在醫院的護士，為了讓家中的大貓不會感到孤單，帶了一隻幼貓回家，想說這樣可以陪伴大貓。但 1 個月後，她來找我溝通，煩惱這小貓把全家弄得雞飛

狗跳。大貓也沒有因小貓的存在而開心，反而不斷地被哈氣攻擊，她自己也傷痕累累，不知道哪個環節錯了。

這一溝通，我們才知道原來是個誤會！小貓氣呼呼地告訴我：「我媽媽要我跟著一個大叔回家（同時傳來一個肚子微胖，頭有些禿的男子影像），才不是這個女生家！她為什麼要把我關起來？」

我把小貓的話連同影像描述給女孩聽，她一聽馬上知道小貓口中的男子是她的同事。這小貓天天站在男子的機車上，一看到男子來取車，便一個勁地示好，男子覺得這貓兒性格溫和又親人，再加上女孩正想找隻小貓陪伴家中的大貓，便帶了這隻貓兒讓女孩帶回家。

小貓很委屈地又說：「我媽說那個男生有家的味道，跟他回家住，生活不用愁，牠也會比較安心。」是的，街頭上的貓咪其實很聰明，也都默默地觀察著周遭的人及環境。母貓生育後會評估自己是否可以養活小貓們，也會評估小貓們的最佳生存方式是在街頭，還是跟著有愛的人們同住。這也是為什麼很多人會在自家門口或機車上發現幼貓，那都是母貓送上門的。

這又連到另一件也很常發生的事：街頭幼貓救援。如果大家可以和動物溝通，便可以理解其實很多幼貓是被照顧得很好的。母貓也不用擔心自己去打野食回來後，小孩會失蹤。我們已接到太多傷心難過的貓媽媽，哭訴自己的小孩被人類帶走的控訴了。類似這樣的誤解，層出不窮地在各地上演著。如果大家都可以跟動物溝通，那這樣的誤解是不是就可以大幅減少？

讓動物在人類世界發揮力量

同伴動物除了走入人類家庭擔任陪伴的工作之外，有些更是盡心盡力地為了人類的福祉而工作著，例如：導盲犬、醫療犬、搜救犬、警犬、偵緝犬等

等。人們可以透過動物溝通協助牠們在工作之餘調整心理狀態，適時地抒壓，尤其是這類工作犬的工作壓力都是非常巨大的。

曾經有位狗醫生的飼主為了她的狗狗來學習動物溝通。我好奇問了原因，才知道原來她的上一隻狗狗也是醫療犬，在一次動物溝通中，溝通師意外地發現狗狗承擔著超過想像的壓力，身心俱疲。所以她為了現在這隻狗狗決定來學動物溝通，以隨時更進一步地照顧好狗狗的身心。

同樣地，在馬來西亞，也有個非常有愛的電影拍攝小組，為了協助狗狗演員能適應片場的高壓環境，同時也更進一步地溝通狗演員，她們邀請了我的學生在片場隨時協助溝通。這都是人類高度發揮同理心，透過動物溝通來協助這些幫我們甚多的工作犬的表現。

溝通師也是獸醫師的夥伴

除此之外，動物溝通也常常輔助著獸醫師們。很多時候，我們會接到一些透過獸醫師轉介過來的動物心理失衡個案。這類身心問題，有時連獸醫師都束手無策，只好由我們來協助溝通，找出身心失衡的因素，並加以疏通。例如：拔毛症、過度舔毛、分離焦慮、異食癖等等。曾經遇過一隻會控制不住地撿食地上所有小東西的白色貴賓狗，連毛屑頭髮都會全部舔食入肚，飼主擔心會有危險，所以希望透過溝通來找出原因並解決問題。經過溝通，我們發現這隻狗狗並不是身體缺乏某種酵素而導致異食，而是過度焦慮所引發。

這是一隻由寵物店老闆娘救援回來的狗狗，平常都是養在店裡，老闆娘下班回家後，牠便留在店中跟其他同伴動物一起。但也許是之前的遭遇，這隻狗狗有著很大的不安，透過溝通牠告訴我，牠很害怕又再一次被丟棄，希望能隨時跟在老闆娘旁邊，想一起回家，只要可以隨時跟著老闆娘，牠就不會再亂吃

東西。於是，老闆娘便決定把牠帶回家。在這之後，據老闆娘表示，狗狗真的就不再有亂吃東西的問題了。

動物們對溝通的奇妙反應

有趣的是，面對人類開始學習如何與動物們透過心念溝通，動物們的反應是很兩極的。有些動物很開心飼主就要學會跟自己溝通了，迫不及待想跟他們分享許多自己的心事及想法，尤其表達在生活上的各種需求。有些心思比較複雜的，卻強烈地反對飼主去學習動物溝通，害怕自己的小祕密、小心機被發現，不過這也都是初期會出現的現象，等到牠們感受到可以溝通的好處之後，一切似乎就變得再正常不過了。

在多年的溝通生涯中，早年大多數的同伴動物們，對於動物溝通是充滿著不可置信的態度，牠們會跟著飼主帶著懷疑的眼神及想法來到我的面前，總是得聊個十幾分鐘之後，牠們感受到真的溝通可以進行了，才能順利地打開心扉聊更深的話題。但是近幾年來，由於動物溝通開始流行，動物圈裡早已流傳開關於動物溝通的種種事情，來到我面前的動物們對於溝通這件事就不再大驚小怪了。

曾經有一個動物溝通的案例讓我印象非常的深刻，那是一隻美國短毛貓，非常乖巧聽話。當我請牠表達想法及意見的時候，牠竟然怯生生地問了我一句話：「我可以說話嗎？我真的可以說話嗎？」牠的提問重重地敲了我和飼主的心。在飼主的心裡，這隻貓是她的心頭肉，因為牠非常乖巧聽話。但她不曉得她在照養牠的方式，原來造成牠這麼大的壓力，那些乖巧聽話，原來一切只是害怕讓飼主不開心。

還好有動物溝通的存在，貓咪真正的心情才能如實地傳遞給飼主明白，飼

主能夠重新調整她與貓咪的相處方式，不讓遺憾產生，畢竟貓咪的年事已大。

野生動物也能溝通

除了居家飼養的同伴動物之外，野外的動物們或家畜對於人類可以溝通這件事，反應也是非常有趣。

某次與學生們開心地在雲南瀘沽湖出遊，在參觀當地的民宅時，我們看見當地居民養在一樓庭院的牛隻，習慣性地我們跟那隻牛打了招呼，禮貌性寒暄一番，牠頓時瞪大眼睛，一臉不可思議地看著我們，說：「你們在跟我打招呼嗎？從來沒有人類對我這麼的有禮貌。這是我第一次感覺到被尊重。」

同樣在瀘沽湖，在格姆女神山，我們遇到非常野性的猴群，這時候動物溝通就有點派不上用場了，我們只能單方向地接收到牠們的想法以及下一步的行動，並提前做準備及反應。牠們完全拒絕與我們溝通，一心只想拿我們手上的食物。所以如果你認為學了動物溝通就能像白雪公主一樣，可以自在地呼喚鳥兒，與眾野生動物們唱合，那可能要稍微面對現實一下。

在多次跟各種不同動物們接觸下來，我發現到有常態地接觸人的動物們，尤其是同伴動物、家禽、家畜們，會根據所接觸的人類對待牠們的不同態度及相處的密度，而對應出不同深度的訊息交流。相較於野生動物們，與人類有密集相處的同伴動物們，我們更能夠互相交換心思、聊天，也比較容易產生共識。當我們希望透過學習動物溝通來更了解動物心底事的同時，牠們其實也在透過我們的語言及行為了解、認識我們。

動物溝通後家長的改變

許多人對於動物溝通會嘖嘖稱奇的地方，不外乎是動物在溝通後所產生

的各種變化。首二件最常見的就是行為的不同以及與飼主之間的關係變得更和諧。動物溝通在早期發展時，大概 10 年前，大部分的人來預約個案都只是想了解身邊的毛孩們在想什麼，好奇牠們是怎麼看待自己及飼主罷了。而隨著溝通愈來愈普及，連獸醫也開始加入學習的隊伍後，人們開始會透過動物溝通來協助解決動物的心理問題、行為問題，或找尋走失動物，甚至慢慢地動物溝通開始成為人與同伴動物們互相交流情感，支持彼此生活的一個重要橋梁。

許多飼主在接觸動物溝通之前，在照養同伴動物上大都著重在身體上的滿足，認為提供充足的飲食，確保居所安全，活動量足夠就已是很好的照料了。但在經歷幾次溝通之後，有很大一部分的人會開始考慮到牠們的情緒、心理壓力，特別是因為身心因素而來尋求溝通協助的個案們。

人類也被動物照顧著

人們常常會訝異於自己的同伴動物竟會對飼主的生活瞭若指掌、觀察入微，平常自己可能都不會注意到的小細節或是那些以為隱藏得很好的情緒，其實都被毛孩們看進眼底，收入心中。當情緒滿溢時，動物們便會出現各種令人困擾的行為甚或是身心疾患，例如：異食、抓咬、攻擊、過度舔毛、過度亢奮、知覺失調……。

透過專業的動物溝通師的引導，協助動物們將心裡話說出的同時，這些致鬱的情緒往往也會跟著宣洩而出，身心的症狀即可得到舒緩，再搭配合格獸醫的治療，往往身心痊癒指日可待。而這些身心的變化看在飼主眼中則帶來不小的影響，人們會開始慢慢理解同伴動物們與自身的連結性，開始關注自己的身心狀態，部分人甚至展開了自我的身心成長，期待能給心愛的同伴動物更好的照顧，不至造成牠們的身心壓力。

當飼養同伴動物化為飼主身心淨化、成長的動力時，這樣的關係其實對動物們的生命來說非常加分，很多同伴動物們都曾表示這讓他們覺得自己是有價值且被需要的。在這世界，不僅人會希望自己的生命是有價值且被需要的，動物們更是如此呢！

動物溝通時代來臨了

近年來，在少子化的影響之下，人們開始傾向於飼養毛孩兒，透過與毛孩兒們的相處來釋放生活的壓力，並感受愛與被愛。隨著與毛孩兒的相處愈來愈親密，人們開始渴望更多及更深的交流。我們期望有個管道、有個方式可以理解動物們的心聲，促進彼此之間的關係。也許就是這樣強烈的需求，忽然間，過去人們無法想像的動物溝通一下子冒了出來。從十多年前的匪夷所思到現在的大概知道，慢慢地這將會成為普遍皆知。

還記得以前跟父母親談到動物溝通，他們的反應是不置可否，甚至會覺得是騙人的，但隨著時間慢慢地過去，忽然間他們覺得一切都是有可能，然後覺得這是自然的現象。早期學生來上課時總是偷偷摸摸，害怕被家人發現，漸漸地開始呼朋引伴上課，甚至帶著家人一起上課。然後再忽然間，人們開始公開討論起動物溝通，甚至愈來愈多跟動物溝通相關的電影、電視劇上映。這些都帶動了動物溝通的風氣，促進人更理解身邊的動物們，也透過動物們感受更深層更多元的愛。當人們的心被觸動了，更大的愛就會開始流動，這世界會整個溫暖起來。

感官開啟前後的改變

記得有次在課程上，我讓所有參與的學員關閉他們已開發的感官，回到上

課前的狀態。剛開始大家很害怕，擔心感官關閉後就再也無法跟動物、礦石、植物進行溝通，後來在我拍胸脯保證之下，大家才願意將感官關掉。

當在場所有的學員同步將感官關掉的那一剎那，整個教室空間忽然間好像凝滯了一樣，沉悶、無生氣。每個學員的臉上回復了我第一次看到他們時那樣的一個狀態，悶悶的、沒有精神、沒有神采。我讓大家走出教室之外，去感受陽台的植物、去感受外面的車水馬龍、人流。大家晃了一圈之後，帶著沉重的腳步回到了教室。

我問大家怎麼了？大家不約而同地帶著哀傷或迷濛的眼神告訴我：為什麼我覺得樹是樹，我是我？為什麼我看到街上的人，一點感覺都沒有？感覺我們好像是各自活在自己的世界裡一樣。為什麼教室變得這麼暗？為什麼感覺到有一層膜隔在前面，我聽不懂老師講的話？我甚至不知道幹嘛要學動物溝通？

我讓大家把他們的感覺寫下來，好好地記住這樣的感覺。因為這世界上有將近80%的人是處在這樣的狀態。所有的感官都被蒙蔽了，感覺不到我們是生命共同體的那樣強烈連結，感覺不到大自然的脈動，感覺不到人跟人之間的心心相連，更感覺不到自己的生命其實是溫暖有力量的。

開啟感官，感受更大的愛

接著我請他們以同樣的方式再次把感官打開。當所有的人感官再次甦醒，教室的整體氛圍才回復流動。所有的人臉上再度恢復光彩，大口地深呼吸著。他們一臉驚訝地告訴我，剛才的感覺好恐怖，原來之前他們一直是以那樣的狀態生活著，也明白了為什麼有時候在跟周邊的人分享解釋動物溝通的時候，很多人是無法理解而且覺得是怪力亂神的。而且在那種感官被遮閉的狀況之下，實在很難對生命、對動物、對所有周邊的環境產生連結，甚至去感覺需要好好

的愛護保護我們所處的地球。

　　請大家展開雙臂迎向這快速變化的紀年吧！以更開放的心接受更多元的訊息，隨著動物溝通漸漸地普及化，人們冷漠的心將會再次溫暖起來，彼此的連結將帶來更大的團結、更大的愛。

Chapter

2

動物們不想被問到的問題

動物們也有很介意的問題

- 想永遠在一起，不分開
- 愛誰比較多？不是個好問題
- 過往的生活經驗難查證
- 要不要看醫生，要問專業的
- 人類生活的大小事，問自己就好
- 愛是尊重牠，聆聽牠的心
- 出遠門一定要好好說
- 另一個世界的事情，動物並不懂
- 爸媽之間的私事，別問了
- 能不要一直剪毛、剪指甲嗎？

動物們
也有很介意的問題

• •

每個人多多少少都有討厭被問到的問題，動物們也是一樣。溝通時給予相對的尊重，聆聽動物心裡的聲音，才是彼此都舒服的溝通。

　　其實每一次的動物溝通都是非常有趣的經驗，常常被動物的回應弄得腦洞大開。一些在我們感覺起來是再平常不過的問題，對動物來說卻是一個壓力極大的提問，例如：為什麼都不跟我睡覺？為什麼都不讓我抱抱？為什麼比較愛爸爸（或其他家人）不愛我？……之類的。這些我們人類渴求知道的問題，對於同伴動物而言其實挺難回答的。因為這些問題裡面都帶著太多人類的色彩，裡面包含著我們對自我情感的投射。

想永遠在一起，不分開

　　每一隻同伴動物的存在都是來教會我們分離，如何好好地說再見、放手，對於所有的飼主而言都是一個很大的難題。不過，對於同伴動物而言，卻沒有我們這樣的執著，甚至還有著更大的灑脫，那是種天生就知道，生命是一趟有始有終的旅程，時間到了便要灑灑說再見，下次再聚的大智慧。

　　我記得有一次，我的學生前來尋求解答，關於她的狗狗不跟她一起睡覺的問題。對於她而言，與同伴動物共枕而眠是一種情感上的連結，她想珍惜每時每刻與牠相處的時間。但是這對狗狗而言卻有著非常大的壓力，牠只想要好好的睡覺，但是睡在飼主旁邊讓牠無法放鬆。但這答案其實對我學生而言是無法接受的，因為這隻狗狗之前是可以一起共枕而眠的，她無法理解為什麼牠的態度完全改變了。於是我更深入地與狗狗聊聊關於牠的轉變。

動物也有無法承受的壓力

　　狗狗帶著無奈告訴我，牠的人類媽媽太害怕失去牠了，如果媽媽不用工作，可能24小時都會黏在牠身邊，這讓牠很難放鬆。於是我問我的學生到底是什麼讓她如此害怕失去狗狗，她才嘆了一口氣，面帶恐懼地問我：「老師，家中如果有狗狗過世，其他的狗狗是不是也大概會在3個月之內陸續離開呢？」我很訝異會有這樣的問題，忍不住問她這想法是誰給她的？她說是另外一位溝通師告訴她的，所以她現在非常害怕狗狗隨時會離開，害怕到睡覺都一定要黏在一起才會安心。也是因為這樣的害怕跟緊張，狗狗強烈地感受到了，牠無法在她身邊放鬆，這股壓力讓牠難以成眠。

　　於是針對這個恐懼，我們做了一些處理及溝通，同時也提醒主人，同伴動物對於人類以及環境的壓力指數其實是非常敏銳的，如果我們希望牠們親近我們，我們一定要營造一個放鬆、舒適且安全的氛圍。再說，生命就是一趟旅程，我們皆是彼此的過客，如何把握住每個當下，圓滿彼此的緣，讓這段旅程是充滿愛、溫暖及快樂的，應該是比較重要的。如果因為一直擔憂牠的離去而造成彼此的壓力及不快，那就真的是太可惜了。

　　那至於是不是家中有同伴動物過世之後，3個月之內就會陸續有其他動物離

開呢？這其實是沒有任何根據的，是一種以訛傳訛的說法。如果飼主緊抓著這樣的都市傳說，將這樣的恐懼不斷地在自己的生活範圍中強化，那倒是有可能吸引一些讓人害怕的事情喔！

 溝通師這樣說

能量跟隨思想，藉著導引放大能量

我們的思想帶著強大的能量，可以隨著我們的念頭顯化在現實世界。所有的發明都是先在腦海中先行思考，然後在紙上或電腦上進行下一步的調整細校，進入生產，最後面世於大眾面前。其實顯化也是循著這樣的模式進行。我們不斷在腦海中想著那些念頭，然後不自覺地透過語言說出來，接著不自覺的行動，當然也有人是有知覺地進行，最後整個顯化出現在物理世界上。

當我們思考言行都是正面積極，那當然就會心想事成正面積極的事物。但假若我們一直想著那些擔憂害怕的事，我們就會往悲觀消極的面向去靠近，限制我們自我及周圍相關人的生活，隨著能量影響範圍的縮小，再加上不斷加強的思考強度（不斷地擔憂），就會加快其顯化在世界的速度，這時擔憂便成為了大家避之不及的詛咒。

所以，聰明的你，請好好地關照你的念頭，只要有恐懼害怕的想法浮現，那就好好地看著這想法，進到這想法中，與其隨之其舞，倒不如好好地看著它，靜心也好，或書寫下這些念頭，然後燒掉、撕毀丟掉都好。當它得到一定的關注，自然會自你的心上離開。

愛誰比較多？不是個好問題

還有一個很有趣的例子是關於「你愛我多？還是愛他多？」的問題。每每

遇到這樣的問題，我心中總會忍不住思考，為何要去比較愛的多寡呢？同伴動物則會無法理解這樣的問題要如何回應，總是直腸子地選擇平常相處起來最輕鬆的那位家人。如果那人平常也負責牠的飲食起居，那就還好。但假如那家人平常只負責玩，飲食起居雜事是另一家人負責（通常這都剛好會是付錢來溝通的人），我們溝通師當下都會很尷尬，立馬得打圓場，安撫人心。

好笑的是，通常習於透過溝通來促進同伴動物快樂成長的人，他會不斷地向不同的溝通師詢問這一題。導致這些被疲勞轟炸的同伴動物們只要一聽到這題，都立馬會翻白眼或眼露不耐。其實同伴動物愛所有相處的家人，即使有時牠對某位家人的態度可能更優於其他家人，但並不代表牠就不愛其他人了。

動物對愛的理解很不同

同伴動物對愛的理解跟我們人類有一些些不同。在牠們心裡，只要你供給牠吃、住、甚至陪伴，你就會是牠的一片天。牠的眼裡、心裡，都會滿滿的裝著你，不論你在哪裡。不過有一點牠們倒是跟萬物、人類是相同的，那就是連結性。隨著同伴動物與飼主相處久了，感情變深厚了，牠們的身心會跟飼主的身心緊密相連。常見的就是飼主的心情不好，牠們也會不知所以的鬱悶；飼主身體不適的地方，牠們也會有相似的症狀；甚至飼主在生活上受到衝擊了，牠們也會莫名地以意外或是各種現象來同步呈現。這些連結都是愛，愛愈深連結愈強。

曾經一位朋友前來詢問她的貓咪從陽台一躍而下導致受傷的因素。她想了解為什麼平日乖巧，從未曾做出這樣危險動作的貓兒到底發生了什麼事。那是一隻已經有年紀的貓咪，牠不急不緩地讓我透過內在眼睛看見了當日的情況。

當日，牠急急忙忙地衝往陽台，因為牠感受到遠行的主人要回來了，而

她很需要牠。所以牠不顧一切地自陽台一躍而下。朋友聽完這段翻譯後，靜默一會兒，然後也像貓兒那樣不急不緩地說：「牠跳樓的當天，我恰好發生一些事，被從居所趕出，當下直接想回台灣。」貓兒：「我就說妳會回來吧！」就是這彼此之間強烈的連結，讓貓兒跟主人能夠同步在事情發生時，以各自不同的姿態詮釋這整個過程，而這就是愛啊！

 溝通師這樣說

給同伴動物一封愛的書信

由於愛的存在，我們可以善用這股愛的連結來透過書寫溝通彼此的心。當我們開始有了「你愛我多，還是愛他多？」的煩惱時，書寫溝通其實很能協助我們走出內在糾結，有益彼此的相處。你會需要寫3個方向的信，這邊說3個方向而不是3封信是因為前兩封信會來回多次書寫，而第三封信則是一個總結。

- 第一封：寫給牠的信

寫下你對牠的各種疑問，無論是心情的抒發還是生活小細節的疑問都可以寫。雖然說這方法其實比較作用在情緒層面的流動及療癒，但實際上我們也會運用這方法來解決一些情緒以外的問題，例如：尋找走失動物們，這主題我們在後面的章節會再進一步討論。

- 第二封：牠寫給你的信

以牠的角度根據你上一封信的內容回覆。請放下你的疑惑，打開你的限制，儘管去寫，也許剛開始會有一些些「假裝」、「扮演」的成分存在，但請相信這神奇的方法，透過這方法你真的會感受到牠的心情及想法，而這些都是因為愛的連結所帶來的訊息交流。

以上兩封信可能會需要來回地多寫幾次，直到你與牠達到某種程度的和諧

與共識，那你便可以進入第三封信的書寫。

● 第三封信：你的心得及結論

　　請好好地觀察前兩封信，試著去看見這其中你所學習到的課題或是釐清的疑惑，並總結出一個結論。這封信的存在意義是為了完結關係上的各種重複模式。即使是毛小孩與你，你們之間也是存在著愛的關係。所有的物種都在關係中互相交流進化，不論是人還是動物。我們透過溝通來互相交流訊息，充實自己的靈魂體驗，進而滿足並定義自我的存在。

　　小小補充，以上這方法不適用於已逝世的毛小孩喔！毛天使們有其特殊的能量，這部分會留在後面的章節更進一步說明。

過往的生活經驗難查證

　　同伴動物也很討厭被問到過往的生活經驗，很多人會帶著他們領養或撿拾、救援的同伴動物們來詢問關於牠們之前的生活狀況，想知道是否曾被虐待、丟棄、或其實是走失動物、為什麼會來到現在這個家。

　　我們明白會提出這樣的問題，是為了能夠給予同伴動物更好的照顧，或是想帶牠回去看看前主人，大都是為愛而提問。但這些問題真的很難得到較好的回應，動物們不太會活在回憶之中。尤其是如果曾經受過一些比較大的創傷，動物們通常都會選擇完全的遺忘，或是回答得片片段段的。通常這樣的答案會引來飼主更多的追問，尤其是動物本體已有一些心理行為上的障礙時。我們會希望從動物的回答，來明白是否有任何的創傷導致目前心理行為上的失衡。不過對於動物來說，牠們真的很難去清楚地記得自己曾經有過的生活經驗，這一點跟人有很大的不同。

　　而對於溝通師而言，即使我們真的問到了一些蛛絲馬跡，大概知道牠曾

經有過的生命經驗，我們也很難去查證。所以這一題可以說是動物及溝通師都不太想要去問的問題。其實就像人一樣，我們也有一些過往是不想跟別人提起的，或是就算再去回憶，重述出來也很可能充滿了錯誤的記憶。與其去追問曾經的生活軌跡，倒不如就專注在當下，學習動物生活的態度，生命會更開闊且充滿希望。

 溝通師這樣說

使用「交換法」拉近距離

當我們開始試著去追尋同伴動物過往的生命軌跡時，很多時候是為了想更了解牠們，想要與牠們有更好的相處。其實有個很簡單的好方法：交換法。這個方法其實是來自台灣原住民的前人智慧。以布農族為例，遠古的布農族人是可以與大自然萬物溝通連結的，這邊說的溝通是以靈溝通，不是透過語言。在布農族人的想法中，人、動物、植物皆是來自同一源頭，彼此之間互相支持，互相轉化，沒有高低之分，皆是生命，自然可以互通。

當族人在野外不小心碰觸到山漆樹時，他們便會與山漆樹交換名字來解除皮膚的癢痛：我是山漆，你是我。名字帶著個體的能量，當我們透過口語刻意的交換念時，其實正是進行一種能量上的互換。就像一句美國的諺語：「我們永遠不會知道他人的感受，直到我們穿上他的鞋。」山漆樹的能量與人的能量交換後，彼此的內在便會升起一個理解，明白大家都是朋友，如此各自的防衛機制便會退下，自然癢痛便會解除。

而我們可以透過這個原住民智慧來促進家中毛小孩與我們之間的關係，方法一樣，就是彼此交換名字，但前提是請先深呼吸3～4次，將外在注意力帶回到內在，再開始進行。如果交換幾次名字你都沒有特別的感受或是一種心領

神會，那麼你可以一邊摸著牠一邊進行交換，這樣可以促進更深的能量互動，帶來更多的內在訊息。不過，每當我們說到要運用到名字來進行一些能量互動時，大家一定會想問是要用本來的名字還是後期改的名字，或是要用哪個小名還是「你我他」之類的問題。其實我覺得你都可以放開心去試試，就當成是一個能量遊戲。

　　幾次下來，你跟牠之間有了更多理解，牠與你之間的距離是否縮短了，或是原本的不理性行為因此而改善了，然後，你自然會找到一個運用此原住民智慧更好的方法。事實上，同樣一個交換法，在不同的原住民族群中，其實還是有一些運用上的差異性。

要不要看醫生，要問專業的

　　有時候飼主也會想透過動物溝通來知道動物的健康情況，這對動物而言也是一個非常討厭回答的問題。年紀比較大的動物們可能還大概會描述一下身體哪裡不舒服，除此之外大部分的動物大都會選擇說一切都很好，是說，有誰喜歡上醫院的？其中常常被問到就是關於結紮的問題，很多時候飼主擔心做了手術之後同伴動物會不開心，但是又覺得非做不可，這時候就會帶來溝通，希望聽一聽牠的想法。

醫療問題請交給專業人士

　　其實動物們也不是很喜歡討論這件事情，因為基本上不論牠們回答是什麼，通常到最終的結果還是結紮。所以其實對於結紮這個議題，在溝通層次上，溝通師的存在主要還是進行安撫跟平復驚嚇。

　　此外，大部分的同伴動物其實對於上醫院的想法跟 3 歲小孩的想法差不

多，能避就避，能跑就跑，沒有幾隻是很喜歡上醫院的。所以只要問到健康，不論再怎樣不舒服，很多其實會傾向不回答，不是躲起來，就是背朝我，或是直接說牠目前感覺很好。所以，面對健康的問題，我還是會建議飼主請教專業的醫療人員。此外，平常相處要多多觀察牠們，很多時候，牠們不舒服時是可以看得出來的。再一次提醒，請想像你的毛小孩是位３歲小童，身為牠的照顧主、毛爸媽的你，應該知道要如何面對牠的健康了吧？飼養牠就要多多了解牠，補足與其相關的健康照料知識，而不是把健康問題丟給溝通師判讀喔！

 溝通師這樣說

透過自由意志，讓動物恢復平靜

當同伴動物展現出受到驚嚇的情況時，這時候我們就可以透過自由意志的宣告來協助牠回到平靜。

何謂自由意志？在宇宙中有這樣一條能量法則：「所有的靈性存有皆有宣告演示其自由意志的權利，同時，任何的靈性存有皆不可破壞干擾其他靈性存有的自由意志。」 也因為此法則，所以我們可以運用自由意志來自我收驚，回覆內在平靜與完整。如何做呢？

你得先跟你的毛小孩解釋什麼是自由意志。

自由意志必須被充分理解了才能真正的發揮其功效。如何跟毛小孩解釋呢？其實很簡單，你只需要看著牠，然後以跟小小孩說話的方式（大部分的毛小孩其訊息流動狀態跟人類３歲小孩差不多），解釋一下什麼是自由意志，它能幫到牠什麼忙。我大都會用類似說故事的方式，跟牠們說自由意志是魔法句子，只要牠們說了，專門保護狗狗（或是其他物種）的天使、神仙（看毛小孩家中的主要信仰是什麼來決定神奇存有的角色）就會來到身邊幫助牠們。

　　至於無信仰的毛孩家庭，我就會說這神奇的自由意志會讓牠開心快樂，然後牠的飼主就會更愛牠、更疼牠。通常只要這麼一說，牠們就會完全接受了。你只要想像牠是個小孩在聽你說，多說幾次，感覺牠應該是聽懂、接受了，便可以。我知道這部分聽起來有些令人摸不著頭緒，但我相信身為愛牠的你，一定有你可以分辨牠的臉部表情、身體語言的方法或是直覺，畢竟連著你們的是愛，而愛是宇宙的語言。

　　接著，我們帶著牠說以下這句子3～7遍：

　　「我以我的自由意志宣示，我是完整的我。我是完整的XXX（牠的名字），我所有遺漏在各個時空點的身心靈元件，現在全部健康完美地回歸到我身上。現在就完成，我已是完整且健康的我。一切如是。」或是直接念：「我是XXX（牠的名字），我完整的回到現在此時此刻，我已完全回來了。」

　　請想像牠像個小小孩一般地跟著你一句一句地念，反覆念，必須念到牠看起來好像放鬆了，眼神穩定了才行。

　　同時，如果飼主可以自行先念個幾次，把自己回穩了，再帶著毛小孩一起念，效果更好。

　　另外，我們同時也有發現，當自由意志是以母語宣說時，效果更是立即，大家也可以試試。

人類生活的大小事，問自己就好

　　我知道這聽起來很不可思議，但真的有不少人會在動物溝通中提出那些彷彿是求神問卜的問題。通常這些提問者大都居住在動物溝通不盛行的地方，動物溝通在他們認知中與通靈是劃上等號的。

　　我記得有次跟一隻紅貴賓溝通時，飼主驚喜於動物溝通的神奇，幾道題問

下來之後，便慢慢地把提問開始移到了關於家中成員的一些私密問題，例如：某某成員是否該結婚了？他的女友在狗狗眼中是適合結婚的對象嗎？他們如果結婚的話，狗狗會建議他們搬回家中跟父母同住嗎？當我跟狗狗聽到這一串問題時，我發誓，我當下真的看到狗狗瞪大眼睛看著我，向我發出了求救訊號！

人類的身體變化是聞得到的

至於懷孕這問題，的確有些時候，寵物會在動物溝通的過程中透露出關於飼主懷孕的消息。但這大都是來自於牠們對於荷爾蒙氣味變化的判讀，牠們敏銳的嗅覺是可以聞出飼主身體的變化。過去就曾有國外新聞報導過，狗狗透過不斷地抓咬主人來提醒他身上長了惡性腫瘤的消息。通常長有惡性腫瘤的患者身上都會有較重的味道，初期一般人聞不到，但隨著腫瘤的長大，味道會開始出現，而狗狗大多在初期便能聞到，所以我們也常在溝通中接收到牠們提醒飼主關於這部分的訊息。

回到懷孕這部分，有時候，狗狗的確是可以看到準媽媽身邊的小寶寶靈魂。有時候甚至是還沒懷孕，牠們便已先看到了在飼主身邊的小小靈魂。這部分我也曾在溝通中收到類似的訊息，牠們連生理性別都可以判別呢！後來該位溝通的個案也的確順利懷孕，寶寶性別也跟狗狗當時說的一樣，是個小男孩。但也不是每隻狗或是貓都有看到準備出生寶寶靈魂這樣的能力，就像人類一樣，有些人天賦異稟，可以感知這部分的訊息，但大部分的人就是不行。

其實動物溝通是一個很內在的訊息流動過程，專業溝通者除了必須透過大量的靜心培養向內的專注度之外，也需要做很多的內在自我功課，包含了解自我，打通自我限制，療癒情緒傷痕……，以確保當轉入運用內在溝通來解讀訊息時，不會被自我的投射所影響而造成解讀溝通失誤。絕對不是向外連結，詢

問神佛、外靈那般的通靈溝通喔！再說，那些與命運相關的生活大小事，應該也不是靠這樣通靈來決定你的方向吧？最靠譜的還是多多認識自己，回歸到自我內在，也唯有自己最知道需要什麼或是想要什麼，不是嗎？

愛是尊重牠，聆聽牠的心

有時候，動物溝通師的角色會跟動物行為師混淆在一起，目前大部分的人只要跟動物相關問題就會直接都拿來問動物溝通師，包含行為上的問題。但事實上，動物溝通師比較傾向於協助傳遞同伴動物的想法、意見給予飼主，並進一步地視情況協調雙方之間的觀點差異，以達到彼此生活和諧為主。

但有時飼主提出的問題，不僅僅同伴動物們面有難色，連我們聽到都會有種微皺眉的反應。例如，曾有一位飼主要求她的貓咪們必須按照她的口令來行動，行住坐臥皆必須有一定的規矩，家中嚴格進行軍事化的管理。這一要求，其實連我都感覺壓力頗大，如果我是貓咪，大概就會逃家了。除了這之外，最常見的是以命令的方式要求一定要在某某特定範圍上廁所，當然這其實是很大眾的問題，但我這邊指的是那些要求太過嚴苛的廁所規範。

同理動物，彼此都能更快樂

身為動物溝通師，我們很樂意協助飼主去理解為什麼毛小孩們無法在指定的範圍上廁所，並進一步地溝通出一個兩全其美的解決方案。但我們實在無法以命令的口吻要求毛小孩得照著飼主的想法去改變其生理結構或習性來迎合飼主的要求。曾經有隻小小狗被飼主要求一定要在頂樓的陽台上廁所，但是牠就是做不到，總是尿在樓梯邊邊，飼主覺得很奇怪，明明都已經跑到樓梯了，怎麼就不上去頂樓那，偏偏要尿在樓梯邊呢？後來，透過課堂上的練習（這位飼

主是我的學生之一）才發現原來那樓梯對於一隻小小狗而言，實在是太陡峭也太長了，一看到要憋著尿爬這樣高的樓梯，索性乾脆直接尿在樓梯口了，反正都是差不多的地方嘛，狗狗是這樣想的。

　　舉這例子只是想要分享其實有時候不是牠們不願意，如果你可以設身處地的替牠想一想，其實牠們是可以溝通的。像這個案例的狗狗，飼主很明理，便重新替牠安排了一個上廁所的地方，而牠也很配合的不再於樓梯口便溺了。所以，我們可以集思廣義一個解決方案來處理類似這樣的生活問題，而不是直接命令要求。因為太多高壓式的養育方式其實反而會延生出更麻煩的問題，例如：壓力式拔毛、抑鬱、食欲不振、攻擊、心因性異食癖等等。

 溝通師這樣說

透過模仿與動物靈魂共振

　　透過模仿動物的動作與形狀，我們可以與牠們的能量模式或靈魂共振，調整自我頻率進入牠們的世界，去感受牠們的情緒、力量、甚至取得牠們的智慧。

　　握著鷹羽，做著仿似老鷹飛翔的動作，在鼓聲、沙鈴中，印第安原住民們進行他們的祈福儀式。周朝的孝子郯子，披著鹿皮，佯裝小鹿，取得鹿奶，好孝順他的父母親（鹿乳奉親）等等，都是在創造一種與動物們共振的模式。

　　可以試試趴下來，模仿家中狗狗或貓兒的行走姿態，用牠們的高度去看家中的一景一物，你會發現很多有趣的事，甚至在這過程中會忽然明白為何牠會有某些舉動或行為，進而去解決一些彼此共同生活所產生的摩擦喔！

出遠門一定要好好説

　　同伴動物們由於生活範圍較為狹小，主要互動的家人大都是同住一屋簷下

的，最多再加上外面蹓躂時玩在一起的「動物朋友們」。所以，牠們其實不太喜歡身為飼主的我們出遠門。每每聽到飼主要動物溝通師代為傳達關於得留牠獨自在家或是在寵物旅館這樣的消息時，牠們其實都不是太開心。有些反應大一點的，只要聽到這樣的消息，那個面部表情之強烈，就連不會動物溝通的一般人都可以看得出來。

　　但該説的還是得説，我們不建議飼主不告知牠們便直接遠行出門，因為在等待你回來的過程中，牠們會經歷期盼、落空、再期盼、再落空、然後生氣、失望、最後感受遺棄的心理過程。然後當你開心回家與牠相聚時，你便會感到晴天霹靂，因為通常這時的牠們一定會做出一堆平常你不准牠做的事。例如：隨地大小便、翻箱倒櫃滿地垃圾、或是咬衛生紙、破壞家具之類的。如果是寄宿寵物旅館的，大概就是會不理你個幾天，生悶氣，然後一回家就搗蛋。總之，狗狗就會像是一個發脾氣的小孩，貓咪就會像一個吃悶醋的情人。

用動物理解的角度溝通

　　為了避免以上的情事發生，我們強烈建議飼主們，儘管牠們不喜歡聽到你要出門的消息，但是還是請老實告知，且請用牠們聽得懂的方式描述可能離開的時間長短。通常我們都會用吃個幾餐，看幾個太陽之類的方式來描述會出去多久才返家，大部分的同伴動物是無法理解人類的天數計算單位的。此外，牠們也不是很能理解為什麼我們要出遠門。

　　尤其是地域觀念較強烈的動物們，牠們會覺得離開自己的領地是一件很冒險的事，所以會以同樣的角度想像你的遠行。曾經有隻貓咪的飼主要到國外工作一小段時間，她的貓咪對此很不能接受，為了讓牠能完全理解並安心地等她回來，她帶著牠來找我溝通。

為了讓牠有較佳的同理，我從貓咪的生活習性切入解釋飼主遠行的原因。我告訴牠由於目前地盤上食物不足了，再加上牠的飼主需要尋找新的配偶進行交配，而這附近的領域上沒有適合的，所以得前往較遠且沒有人占領的地盤尋找。果然這一說法馬上被牠給接受，主要也因為這隻貓咪同時很關心牠的人類媽咪的配偶空缺，所以很能接受這樣的解釋，也就很願意地安心留在家等待她的返家。所以，請好好了解同伴動物的心，並找出最適合的解說方式，好好地在出門前告知牠，就可以更安心、放心的上路出行囉！

溝通師這樣說

與牠心連心說說話

2001 年，在德國心念世界學院，有一群研究者做了一個相當有趣的實驗。他們在 2 位實驗志願者身上貼了腦波追蹤器，並接在同步電腦上，以記錄這之間的腦波變化。這 2 位志願者彼此距離 300 公里遠，互相認識，但沒有親密關係。研究者給了其中一位志願者一張照片來啟發心電感應的連繫。令人驚訝的結果出現了！當第一人看到照片時，第二人在同一時間便受到影響！儘管兩人相差如此遠，但兩方的腦波變化卻是同時間出現，完全沒有時間差。這一實驗說明了心電的互動實際上可以超越光速。

在我的工作坊中，所有接受動物溝通訓練的學員皆是透過照片進行練習，也總能收到許多令人驚喜的回應。而你也可以這樣做！

請選擇一個無人打擾，可以安靜對話的空間與時間，拿著想要溝通動物的照片，想像牠就坐在你面前，說話吧！想說什麼就說什麼，不要急於接收任何回應，這不是此練習的重點。幾次下來，你會發現到溝通對象與你的互動開始不同，牠會更靠近你，你們會更親暱。當然，這樣的溝通一樣必須以感謝、尊

重的角度去出發，才能收到良效。

在這樣的練習下，較敏銳纖細的人也許會感受到從照片中傳來的訊息，可以記錄下來，並在生活中觀察驗證。如果你什麼都收不到，那也沒關係。這練習的重點是傳達出你的愛給被溝通者，讓彼此能更理解、更和諧，而溝通的目的不就是為了創造和諧的關係嗎？這方式也非常適合患有分離焦慮症的同伴動物們。在每次留牠單獨的時候，你若可以不時透過看著牠的照片傳達你的關懷與愛，在另一頭的牠也會心定許多，減緩情緒上的焦慮與緊張。

試試吧！你會驚喜於這方法的簡單有效。同樣地，此方法不建議用在已逝動物身上。若想與已逝同伴動物溝通，請尋求專業溝通師的協助。

另一個世界的事情，動物並不懂

其實這一題比較傾向於動物溝通師不想回答的問題。很多毛爸媽們都覺得毛小孩能看到另一世界的存在，尤其是老人家都說狗狗半夜吹狗螺是因為看到不乾淨的靈體導致，這傳說完全讓人直接把狗狗與擁有陰陽眼畫上等號。

但實際上，並不是每隻毛小孩都可以看到另一世界的存在體，就像人一樣，有人可以，有人不行。但只要家中有親人或是毛同伴過了，家長們都會很喜歡帶著毛小孩來詢問是否有在家看到親人或是毛天使回家。更希望能從牠們的口中探知這些已過世的摯愛是否一切安好。

但實際上，這樣的問題就好像在問 3 歲孩童是否有在家看到過世親人回家一樣，正面意義不大，徒增恐懼、牽掛及擔憂。其實有時候那些毛小孩們看到的並不是真正的靈體，大都是某些過往的情緒殘影或生活片段。

這些能量碎片會在我們的摯愛剛過世時最頻繁被目擊，然後隨著時間慢慢的散去淡化，直到歸零。若覺得這些能量碎片讓人煩心擔憂，可以透過清理居

家環境、薰煙、將不再使用的物件斷捨離，尤其是毛天使的物品，來快快清理掉這些能量碎片。至於那些真正的靈體，除了可以透過自由意志來清理之外，面對我們的過世親人或是毛天使，則會另外建議毛家長尋求專業人士協助。

 溝通師這樣說

透過自由意志清理家中的靈體

如同前面所述，我們必須先了解自由意志的意義及用法，才能有效的透過自由意志的宣告，來清理掉家中的「不速之客」。

深呼吸之後，請直接大聲宣告以下句子3～7遍：「我以我的自由意志宣告，我是這個家的主人，任何沒有經過我的表意識邀請來的存有，現在全部離開，離開我的家，現在就完成，一切如是！」

如果念完以上的句子，感覺家中變得明亮，可以深呼吸不費力，同時肩膀及全身緊繃解除的話，那就是不速之客已離去。反之，請多念。永遠記得，你擁有自由意志可以運用，這是我們與生俱來的權利。

除了念自由意志之外，家中保持乾淨、通風，光線明亮也很重要！如果只念自由意志，但家中堆滿雜物，靈體要走也走不了，會被卡在雜物之間，尤其是那些情緒碎片／殘影。這是因為祂們只有靈性體，沒有肉體大腦可以進行邏輯思考，所以很多阿飄的行動、想法都很直，無法也不知道該如何轉變。

爸媽之間的私事，別問了

有些時候我們會遇到很「開放」的飼主，為了探查另一半的私事而帶著毛小孩來溝通諮詢。表面上看似要詢問關於毛小孩的生活雜事，但實際上是要問家中成員的個人私事。例如，媽媽不在家時，爸爸有沒有帶阿姨或姊姊回家，

或是反之。有時則是，已分手的伴侶為了求證是否是因為第三者而被分手，或是想知道已分手的伴侶是否已有新伴侶之類的等等。通常遇到這類的問題，我們身為動物溝通師就得斜槓同時扮演婚姻愛情應援隊，聆聽毛家長的愛情課題，甚至協助問毛小孩的想法，連同牠們一起勸告／療癒毛家長的情傷。

人類的隱私與動物無關

對於毛家長對於我們的信任，我們深感榮幸，但是問毛小孩這類問題，其實很不適合，而且搞烏龍的機會很大。畢竟，牠們的愛情觀跟人類大大不同，雖然知道要叫你爸爸、媽媽或哥哥、姊姊之類的，但事實上，牠們並不是很清楚這些稱謂的意義，大都以為這是毛家長的「眾多名字」之一，就像牠們的各種小名之一。此外，我們身為動物溝通師，在專業領域上，是不能去探詢他人隱私的，更何況你詢問的對象是毛孩兒，就像詢問人類3歲兒一般的不可靠。

 溝通師這樣說

尊重在溝通中很重要

關係的建立始於真誠與尊重，好好地坦承與對方溝通，永遠從選擇愛開始做起。別忘了，毛孩們與我們生活在一起，你的行為與態度，牠們也默默地吸收學習著喔！我們的事就留在人類的世界處理，讓毛孩們開心做自己吧！

能不要一直剪毛、剪指甲嗎？

對於身為人類的我們，面對不愛剪毛、剪指甲的毛小孩，總是大感不解。畢竟這類修剪其實是無痛感的，為什麼很多毛小孩都很排斥？面對這問題，牠們的回答其實也挺五花八門的。

有些認為剪完毛後就會不漂亮了，會在同伴中抬不起頭；剪掉指甲就會大大地失去安全感，認為可以抓取、也可以攻擊的實用配備沒有了；不喜歡剪毛後的洗、沖、吹，尤其是吹風機的巨大聲響；不喜歡被寵物美容師亂做一堆奇怪的造型、綁奇怪的髮飾；更覺得剪指甲是一件超級恐怖的事，感覺腳趾頭好像就是會被剪掉等等。也因此，牠們超級討厭被問到這類相關的問題，或者被要求一定得要接受飼主的所有安排。

以愛之名說服毛孩

不過，兵來將擋，水來土掩，身為資深動溝師，我能做的就是發揮超人的口才，一邊聯繫毛孩子的高我們尋求意見，一邊思考如何動之以情地說服牠們。後來，我發現有一招超級好用，那就是「愛」！ 每每遇到這種反抗到底，賴皮到底的毛孩們，我只要問牠們：「你愛你的爸爸／媽媽 （飼主）嗎？你知道有個方法可以讓他們超愛你的嗎？」然後就是告知請牠們接受剪指甲或是洗澡之類的，同時再加碼牠們喜歡的食物或是活動，大都能夠快快達成協議。

但前提是這些剪指甲／洗澡之類的事情是必要的，如果是染毛髮、戴指甲套或是純粹為了打造出飼主覺得外觀好看的造型的行為，那我就會站在毛孩們那邊了。尤其是染毛髮，這真的很不必要，因為染色劑對毛孩的健康其實傷害很大的。

 溝通師這樣說

找出抗拒原因再對症下藥

有些時候，我常會聽到飼主反應，以各種獎賞制度來要求毛孩們剪指甲或是洗澡之類的，剛開始有效，但一段時間就沒用了。其實，獎賞制度只是一

時的方法，最主要還是要先找出牠們抗拒的原因，先解決掉主因，再來加上獎賞，將這些活動與牠們喜愛的事物連結在一起，慢慢地就會解決掉這些惱人的問題。另外，一定要有耐心，慢慢引導，不要急躁。千萬不要一時情緒上來，用打罵的方式來逼迫毛孩們，這樣反而會造成心理壓力，時間久了，易造成心因性的各種行為問題或是身心病症喔！

Chapter

3

如何和動物一起生活

給同伴動物一個適合的家

- 大自然的接觸不可少
- 飲水，天然的最好
- 鮮食對你和動物都好
- 不要小看電磁波的汙染
- 適當的運動，人和動物都需要
- 關照動物們的心理健康
- 同伴之間的和諧

給同伴動物
一個適合的家

這一章裡，我們從能量訊息的層面出發，來探討現代家庭動物的飲食與起居生活，及如何在一般科普知識外，以天然的方式來促進牠們的身心健康。

　　隨著科技的進步，人類的世界變得愈來愈繁忙，我們開發出許多便利的事物來替我們服務，所以我們可以更多工地處理大量的訊息，來節省時間，或提高整體的生活效率，以帶來更大的經濟效應。在這樣巨大的生活壓力逼迫之下，我們很需要同伴動物來重新感覺單純的快樂，釋放過度的生活緊繃感。但這也讓我們的同伴動物承受著以往動物們不需要面對的生活壓力，活動範圍也從大片自然地轉變至水泥叢林，甚至有些同伴動物過著不見天日，只有燈光及人造景的生活，而這對牠們的身心健康來說其實也是一大傷害。

大自然的接觸不可少

　　大自然不僅對於人類有其重要性，對於同伴動物們更是。雖然可以走入人類生活與人相伴的動物們，在生活上大都已進化到可以配合及適應人工世界，但適當的自然環境對於牠們是很必要的。很多跟著人類過生活的同伴動物們，

因為長期缺乏大自然的刺激及滋養，身心上都出現了屬於人類特有的文明病，例如：糖尿病、憂鬱症等等，這類不應該發生在動物身上的疾病。

對於動物而言，陽光、空氣、水、土壤，非常重要。多帶你的同伴動物去戶外走走、曬曬太陽，接受天然紫外線的殺菌，可以促進皮膚的健康，協助牠們排掉被帶到皮膚表層的廢棄物。如果可以，讓牠們在地上滾一滾吧！泥土可以協助牠們去掉身上的寄生蟲，更可以排掉因為長期處在 Wi - Fi 環境中所累積的過多靜電、電磁波。尤其是電磁波，這部分我們後面會談到。

動物最需要的好環境

動物們對於環境的敏感度是遠遠大於人類的，即使是已經很適應了都市生活的牠們。我很喜歡帶著學生去台北的南港公園上課，學生們也都會趁著機會帶上他們的同伴動物們一起，這裡的環境能量是數一數二的高，遠高過世界各大聖地的能量，所以我都會盡量找機會去那邊上戶外課，同時也讓學生們感受一下好的大自然能量對於動物溝通及動物們的幫助。

在好的地理環境中，生命體會自然地放鬆，同時大口地深呼吸，帶動全身能量的流動。在這樣的狀態之下，許多內部阻塞會慢慢地鬆開，然後隨著呼吸排出，新陳代謝會加快。如果你希望動物溝通能有所進展或保持順暢，那適時地回到大自然中享受自然能量的調節，是很有助益的。

也因為好的地理環境能量對於生命體是這樣地有幫助，學生們的狗狗都會在南港公園的大草坪上狂奔不已，開心打滾，玩到停不下來。即使是平常不愛在草地上踩踏的狗狗，一到南港公園就會整個大轉性，快樂得不得了。那是一種生命體對於有助益環境的自然反應。所以，如果你的狗狗去到一個地方，卻出現不開心，不想要到地上跑跑跳跳，甚至是想回家，都是在告訴你，這個地

方的地理能量可能不適合牠喔。

　　此外，也提醒大家一下，有些公園為了養草皮，可能會噴灑除蟲劑之類的農藥，如果你的同伴動物到了某處的草皮上卻顯現不適，或是轉身就走，那也很有可能是這原因。總之，到了大自然環境中，請放下人類的身段，你的同伴動物比你還清楚哪些地方對身心是有助益的，哪些則否。試著跟著牠的腳步，放下控制（牽繩還是要牽著喔，尤其是在城市、人多的地方），散散步，也許你會意外地發現牠萬中選一的桃花源竟是如此的舒服愉悅。

和動物一起享受暖暖的太陽

　　而陽光對於同伴動物的重要性除了有助於皮膚健康之外，補充維生素 D 這我們就不多說，另一個很重要的關鍵在於它可以協助調節同伴動物的睡眠。有充分吸收陽光的同伴動物們，睡眠的質量會遠遠高過總是關在家中的動物們。尤其是有些狗狗當年歲漸長了，牠們會變得白天嗜睡，半夜卻清醒不已，一直不斷地走動或發出聲音，嚴重干擾到飼主的生活。

　　如果可以在黃昏時，帶牠們出去走走，吸收一下夕陽的光線，可以有效改善牠們的睡眠問題。另外，貓咪也是另一個常常被抱怨會在半夜暴衝的族群，一樣，讓牠們多曝曬陽光，這一點很重要。白天足夠的日光可以協助調節牠們的褪黑激素分泌，另外，別忘了睡覺時要關上燈，保持室內漆黑，睡覺的房間避免太多的電器、手機圍繞，關掉 Wi-Fi，這都可以協助牠們在夜晚入眠。

飲水，天然的最好

　　請盡量提供同伴動物們最單純、最乾淨的水。而乾淨的水指的不是 RO 逆滲透水，而是天然的泉水。這樣的天然泉水不需要再加入營養液或任何添加風

味的東西進去。次之則是煮過的水，但不要久煮，煮沸後，再煮個5分鐘就可以了，如此可以保持水的活性。請不要讓同伴動物們去喝RO逆滲透純水，因為那水裡面已經沒有生命了，雖然它非常的乾淨，但實際上對動物的生命能量沒有太大的幫助。因為動物除了透過水來解渴之外，也透過水來接收、感受環境的訊息，所以你若能在居住地找到未受汙染的泉水給你的同伴動物喝，對於牠們的身心安穩有非常大的幫助。如果人也能跟著喝這樣的泉水更好，只是人還是需要煮開來喝。別忘了不要煮太久，水中的生命力會消失掉。

隨著科技發展，人們開始會使用飲水機的水，或是一些特殊的給水機器，以訓練動物們喝水。但透過機器流動的水，多少會擾亂水的資訊涵蓋程度，若能以最單純的方式給水是比較建議的，如同人類的飲食一樣，盡量天然，不要有太多人工科技的介入。

回憶一下，透過不同方式煮出的水，是否有著不同的風味？我喜歡用炭火燒水，有時會在裡面擺上一些黑色電氣石，如此燒出的水非常的軟且甘甜，和飲水機煮出來的完全不一樣，水就是這麼直接會反映能量特質的一個介質。黑色電氣石在這過程中除了有過濾的作用之外，亦能協助水分子轉小，帶出更多的活性。單看黑色電氣石晶體束狀結構，我們亦可知其有加速訊息流動的效果，這可帶動身體的流動，不至於讓水分停滯在身體。而黑色在中醫裡主腎，所以也有強化腎能量的效果。

將滿滿的祝福注入飲水

現在你知道，我們可以透過水來決定帶什麼樣的訊息到同伴動物的身體。我們用這樣的知識去協助動物們的身心健康。當然你也可以運用這樣的方式來穩定協助你自己及家人們。由於水是很好的訊息乘載介質，所以我喜歡建議飼

主們除了給予乾淨的天然泉水（若找不到，那就選擇過濾後煮開的水），也可以在給水時祝福這水，將祝福的訊息、健康快樂的訊息帶到水中。

過去，曾有位日本的博士做了關於水的各種訊息實驗。他發現帶著祝福、好的意念的水，水的結晶會非常漂亮，反之，則會支離破碎。你也可以仿效這樣的方式來間接地促進你的同伴動物身心健康。好好地祝福每碗給牠的飲水，讓這水協助你照顧牠；也可以在水碗貼上祝福或是正面的文字訊息，只是這水碗得是金屬或是玻璃材質，因為這兩種材質才能有效記憶訊息，並傳送訊息至碗中的水。

既然水可以記憶、攜帶訊息，也許，你會想知道有些人會放一些礦石到水裡，來協助貓咪提高喝水量，這樣有幫助嗎？如果你熟悉水晶礦石的運用，你自然可以如此做。水晶除了可以儲存訊息能量，亦可放大訊息，它就像是 USB 一樣，可以記憶訊息，且好壞都記憶，但當訊息飽滿了，就會停工，需要整個洗掉消磁、淨化。但大部分的人無法感知水晶的能量狀態，與其帶著疑惑使用它，倒不如回歸自然簡單。乾淨且受過祝福的水就已足夠。

當動物飲水出現變化

至於家裡的狗狗貓貓為何突然間飲水量下降，是水的味道嗎？還是水受到什麼汙染？還是牠的飲食失衡了？或是牠的活動量沒有那麼大，所以需水量就沒那麼高？這需要多方觀察並了解，請先不要強迫動物們喝水，牠們比我們還知道何時需要喝水。請細心關照牠們的狀態，帶著牠們去請教獸醫的意見，再去思考如何平衡牠們飲水量的部分。

很多時候，過多人工重口味的乾糧會破壞動物的身體排水性。為了平衡體內的高濃度血液酸鹼值，有些時候水會停滯在身體內部協助稀釋，導致無法再

喝更多水。這時候與其強迫飲水，倒不如同時改變飲食，天然的鮮食會是第一首選。此外，吃鮮食的同伴動物們，飲水也會較少，因為食物中已含足夠的水分。所以，建議好好了解同伴動物的飲食習慣，對於其原生地的生活習性做一番功課，並請教專業的動物醫療人員，你會知道該如何飼養牠是最適當的。

鮮食對你和動物都好

食物的選擇對於繁忙的現代人是一個挺大的課題，愈來愈多人為了節省時間而選擇外食，取代花時間為自己烹調一頓健康且天然的餐點。這一態度也反映在同伴動物的飲食選擇上。目前我接觸到的飼主大約分３種類型，第一類型採取老一輩的餵食法，給予同伴動物人類的剩食；第二類型，選擇簡單方便的乾糧／罐頭；第三類型，則是選擇烹煮鮮食。當然這只是粗略的分法，這其中還有一些人是綜合式的餵法。先不論你是哪一種餵食法，我們先就食物對於同伴動物的身心健康影響來討論。

如同上一段所說的，動物們透過水來獲取環境訊息，牠們也透過食物來讀取環境訊息，這一部分，人也是。我們的身體會忠實地反映出我們的所吃所飲，動物也是這樣的。我們都知道太多的人工加工食品對於身體的健康是有損傷性的，除了產生致癌的危機之外，也影響著我們的情緒。這一點也同樣的作用在動物身上。

感受食物帶來的環境訊息

研究發現，攝取天然食品的動物們，普遍有著平衡的身心健康，這一點遠遠優於以人工食品餵養的動物們。也許你會反駁說，市售的寵物食品都是有經過專家調配，有著寵物需要的全部營養素，而且，醫生也推薦食用這類食品更

甚於鮮食。但是，你可知道，在大部分的獸醫學習中，營養學的部分幾乎都是寵物食品的開發商前來教導這方面的知識嗎？所有的食物皆有其存在這世界的意義，從顏色、味道至質地，都有其特別的生命訊息。這是人工合成食物無法模擬出來的。我們透過飲食來跟這世界交流，在吃進食物的當下，我們的身體會自然地知道目前的環境變化，並跟著做出適當的應變。

當身體累積了足夠的食物訊息，天生的內在醫藥箱就會完善，知道何時該食用哪些食物來維持身體的健康。這是我們身體與生俱來的生存智慧。然而，如果大量且長期的食用人工化學合成食物，身體的智慧便會漸漸麻木，進入沉睡。動物也是如此。再加上，當我們在製作食品時，我們的意念會不自覺的被寫到食物之中。例如，我們總覺得媽媽煮的菜最好吃，或是家裡的家常便飯總是最讓人懷念，即使不是什麼大魚大肉的精緻美食，是吧？因為那是媽媽或是家人用愛烹煮出來的，那些食物中有著愛的溫度。

請開始了解動物需要的飲食

那麼，那些人工化學食品是如何被製作出來的？是機器，以及各式的商業模組形成的，我們感受到的只有硬梆梆的商業氣息，沒有愛的溫度。請問，當我們的身體、動物的身體，在這樣的飲食狀態下，會呈現什麼模樣呢？會失去溫度，愛的溫度。也許這也是為什麼現代人似乎沒有過去老一輩的人那樣有情，且普遍較冷淡的其中一原因吧？那對動物的影響比較明顯的則會是皮膚、情緒、腎及肝功能的失常，尤其是各種不明原因的皮膚炎。

其實，許多醫生會建議飼主選擇調配好的寵物食品，另一主要原因則是大部分的人都不清楚自己的寵物需要哪些營養素，也不清楚牠們的飲食習性。在知識欠缺之下，去烹煮鮮食給同伴動物們吃，其實很容易造成營養不良。

但，現在你明白天然食物的重要性了。接下來，就是請你好好地補充關於同伴動物的各種飼養知識，了解牠需要什麼食物、牠的原生環境，進而去替牠準備適宜的食品。雖然這樣做很花時間及精力，但牠是你的家人不是嗎？再說，有健康飲食為基礎的同伴動物，其身心都會較為健康平衡而情緒穩定，反而能以更好的狀態陪伴在你身旁，並減少上醫院的次數喔！

不要小看電磁波的汙染

電磁波不僅對於人的健康有一定的損傷，對於同伴動物更是嚴重。我發現受到電磁波汙染的同伴動物，如果沒有適時地排放體內過多的正電，心臟的健康會很容易受到影響，情緒也會比較煩躁。尤其貓咪及鳥類會出現較多焦慮性的拔毛。

如果能帶著你的同伴動物多接觸植物、樹木、草地、泥土，這將有助於排出體內累積的過多正電，並大大減少電磁波的傷害。曾經，有次我前往馬來西亞拜訪一位學員的花園，那個花園的正中間簇立了一座高壓電塔，照理說，高敏感的我應該會感覺不適，但我卻感到自在。這讓我感到非常訝異。我試著觀察整個花園，並嘗試跟花園中的果樹、植栽溝通，我才發現到是這些茂密的植物、樹木大大地以它們的氣場轉化了刺激的電磁波。這段花園拜訪經驗後來幫了我很大的忙。那次回來不久後，我便搬到了一座山的旁邊，那座山上簇立著一座高壓電塔，電塔與我家只隔著一條馬路，由於身體的敏感性較一般人強，我能感受到很大的不舒服。

但在搬入這家之前，我曾拜訪隔壁的房東太太家，她的房子一樣可以從窗外看到電塔，但在她的房子中我卻感受不到電壓所造成的不適。我一樣又開始觀察起整個房子結構，確定房東太太並沒有使用任何防電磁波的物品，但陽

台上放了很多的植物及小水池。同時，這房子是房東太太接待遠來尼眾的掛單處，平常則用來當自我修行、靜心念佛的地方。我從馬來西亞的學生花園到房東太太的家，我找到了幾個共通處，宗教的心念運用及植物。

多安排些植物在家中

於是，我買了很多的植物布置我的陽台，尤其是大型盆栽，希望透過植物的力量來隔開高壓電塔的能量場。同時，我也透過溝通與對面山上的樹們聊天，打好關係，請它們協助轉化高壓電塔的強烈電波對於我們家的覆蓋。不僅如此，我還在房子的四角放上凱史科技的 4 種類甘斯瓶（Co2／Cuo／Ch3／黃金甘斯）及銅健康筆來協助架設能量保護圈，並在靠近陽台的佛堂放了一台黃金甘斯護盾，還有 24 小時的「聽即解脫咒」播放，再加上大型的金字塔型奧剛擺放四角。就這樣，我轉化掉了高壓電塔對於我們家的能量擾動。

其實這裡面的原理很簡單，就是透過能量場的建立來達到與外面高壓電塔的能量場的平衡，同時透過多種類甘斯交流帶來場的循環流動，所以人及動物可以持續保持深呼吸，來避免能量停滯。不過，走筆至此，其實這裡面的重點在於接地排出體內多餘的電磁波、正電，由於當時的住家沒有足夠的接地力，所以需要用到如此多的能量道具。如果你沒有這樣多的能量工具，植物是絕對不能缺少的。

我發現當我走進森林裡面，即使那附近有著大的高壓電塔經過，但身體其實不會那麼不舒服，因為踩在泥土、草地上，配合自然的深呼吸，我們的身體會自動將多餘的電磁波排放至土壤中。會讓我們感到不舒服是因為身在水泥建築內，外面有高壓電塔，而沒有任何一個介質可以協助我們接地排掉過多的電磁波。

　　所以，對於居家動物，尤其是生活在大型都市中，為了牠們的健康，如果無法減少電器、3C用品的使用，至少請在家多放置植栽，並請電氣專門人員確保家中的電線管道有接地的裝置。平常也請多多帶牠們出門，到大自然中走走，踩踩草地，去泥地上滾滾，把身上多餘的電排出。另外，現在市面上也有販賣專門的接地墊，可以買回來使用。尤其是像貓這類不太喜歡出門的動物同伴們，至少可以透過接地墊讓牠們躺臥來排除體內多的電磁波，以減少心臟的負電量。

適當的運動，人和動物都需要

　　適當的活動量對於同伴動物是很必要的，尤其是狗和貓。適當的外出遊玩、曬曬陽光、跑跑步，不僅可以增進牠們的身體健康，對於壓力的釋放也很有幫助。只要注意著不要在大太陽底下進行，同時確保安全性、提供足夠的飲水，還有不要穿鞋，除非是腳有受傷，需要保護，讓牠們適度的放電，這樣除了對身心有益之外，也可避免晚上滿屋跑、不睡覺。

　　一般而言，大型犬需要較多的活動時間，一天下來往往要散步多次，建議可以由家人輪流帶出去活動。體型愈小，所需外出散步的時間就愈少。很多人帶著牠們的狗狗前來溝通，狗狗總是抱怨家人的陪伴不夠，散步時間不夠。大部分的人都以為1天只要散步1次，或是早、晚帶出去上個廁所就可以了。甚至更多人是只有週末時才會帶狗狗出門散步、運動，認為玩個1天就可以平衡1周下來的運動量。但實際上，一下子的大量運動其實對於狗狗，尤其是6歲以上的狗狗，是很傷骨頭、心臟、脊椎、韌帶及關節的。建議與獸醫諮詢，確認適合你的狗狗的運動量，並每天抽出時間帶牠出去走走，這不僅對於牠的健康有幫助，你也可以因此得到適當的運動量，不失是一個雙贏的方法。

貓咪也要有足夠的運動

至於不太方便帶出門的貓咪們，也請至少每日抽出 1 小時陪玩，這裡指的是互動式的陪玩，不是丟一個貓草玩具之類的讓牠們自己玩。透過與飼主的互動，除了可以消耗掉牠們體內過多的電力，也可以滿足牠們對於飼主的需求，培養親密感。尤其貓咪是晨昏型動物，如果沒有適度地卸掉體內過多的電力，往往會在夜晚出現擾人或是滿屋子跑、喵喵叫的行為。

由於貓咪的天性是狩獵，所以會傾向於透過大量的睡眠來儲存體力，然後在需要狩獵時一次發洩掉，然後享用完獵物之後，整理毛髮，準備再次入眠。所以，如果你的貓咪有習慣性的夜晚活動，無法跟著你的作息生活的話，那麼在睡前消耗掉牠的體力是很重要的。建議透過互動式的玩具，例如，逗貓棒之類的，跟牠玩抓捕獵物的遊戲。

關照動物們的心理健康

這些年來我常接到一些從獸醫那轉介過來的個案，牠們的身心失衡大都是因為情緒上的卡點導致，有些甚至已服用鎮定劑還是沒有出現起色。這些案例大都是貓咪及小鳥。這兩類物種皆有著敏感的特性，很容易受到驚嚇，也不太容易放掉內在的壓力。然而喜歡飼養這兩物種的人，也是有著高敏感、內在易受傷、不太懂得掌控情緒、釋放情緒的族群。

承接來自人類的情緒

記得曾經諮詢過一隻全身幾乎被自己拔光毛的鸚鵡，非常緊繃，由於幾乎沒有羽毛覆身，所以外出必須穿著鳥衣。帶牠來諮詢的飼主表示主要照顧這小

鳥的是他的先生，目前退休在家。透過與鳥兒互動，我發現牠有著非常大的情緒壓力，這部分很明顯來自互動頻繁的飼主先生。

與飼主細談後，理解先生由於退休在家，失去之前的生活動力，目前的確情緒比較陰鬱，不太喜歡外出。小鸚鵡是他目前唯一可以協助平衡情緒的出口。面對這樣的問題，即使獸醫開立了一些可以協助鸚鵡心情平穩的藥方，但真正的問題源頭是飼主的先生。他必須接受一些情緒上的疏導，只要他能回到身心平衡，那小鸚鵡的問題就會自然康復，不會因為與他的互動，導致吸收了過多的情緒垃圾。

環境的壓力不容小覷

另外，貓咪的過度舔毛也有很大部分來自壓力。但是我們都知道，像這類生活單純的同伴動物們，壓力源一定都是來自同居的家人或是遭遇了生活環境的巨大變化。曾經有隻貓咪把自己的腹部毛都舔光了，飼主帶牠來詢問，想知道牠是不是在煩惱些什麼？後來在聊天的過程中才知道原來是搬遷的新家附近施工頻頻，巨大的聲響造成牠無法安然入眠，再加上是新的環境，一天又一天下來，焦慮到牠只好拚命舔毛、梳毛直到整個腹部長不出毛髮來。

解決方式便是好好的告知周邊環境發生了什麼事，同時強化家裡的隔音設備。此外，這件個案的飼主們白天都得上班，家中只有牠一隻貓面對新環境，建議可以在家加裝攝影鏡頭，這樣上班期間，飼主便可以透過鏡頭的麥克風與貓咪互動，讓牠不感到孤單。此外，也可以透過手機上的貓咪照片，傳送心念給牠，跟牠打個招呼，告訴牠你在做什麼，大概什麼時候回家，牠們都可以接收到的。這也是另一個我常常建議有遠行需要的人可以做的事。保持一定的連結性，可以大大地降低牠們的孤單或是遺棄感。

生命創傷帶來的陰影

　　此外，除了因為飼主或環境的關係造成心理壓力之外，有些則是牠們之前的生命經驗創傷。尤其是那些曾經流浪在街頭的，或是曾經被送進動物收容所的同伴動物們。印象中，曾經到府協助一隻黑色的狗狗，牠對陌生人有著重度的警戒，也無法出門散步，只要一出門就會緊張到一直拉肚子。平常在家，如果聽到有人要來拜訪，當訪客才到電梯口，離家門還有一段距離，牠便已緊張到一直吠叫，還會拚命躲起來。

　　這隻狗狗的生命故事比較特殊，即使身為資深動物溝通師，我也只能初步地讓牠不躲藏起來，可以靠近牠身邊，但牠還是不願意看我一眼。像這樣的個案，我必須進行較深入的溝通來尋找造成這樣行為的核心問題。透過與牠的內在小孩溝通，我發現到牠的整個驚嚇似乎與牠的母親有關係，牠似乎目睹了母親曾經被人類捕抓的過程。這一部分後來我詢問了飼主，也因此證明了這一段故事。原來這隻小黑狗的母親被社區的住戶通報捕狗大隊捉捕，而整個過程被小黑狗看到，牠那時才剛滿幾個月。也還好在那個當下社區的保全警衛留下了牠，才免於被捕狗大隊帶走。

　　但因為牠目睹了那整個捉捕的驚恐過程，心理受到太大的衝擊，導致現在的牠無法對任何陌生人產生信任感，更是不願意出門散步，害怕自己也會被帶走。面對這樣的深度創傷，我能做的便是先帶著牠的內在小孩以自由意志將驚嚇撫平。然後，帶著牠的內在小孩去尋找牠的母親，以故事敘述的方式一步一步地帶牠重建一個新的故事情節。

　　然後，同時建議牠的飼主去買一條安撫帶包住牠的腹部，只要出門就包著牠，讓牠對外的情緒接收部位可以不要太過亢奮，減少胃腸因為過度緊張造

成腹瀉的情形；同時一點一點地延長出門的時間，整個外出過程必須讓牠感受到安全，慢慢地讓牠可以接受出門，進而享受出門散步。這隻狗狗後來進步很多，飼主為牠做了很多的努力，也非常耐心地陪著牠釋放掉內心的不安。

同伴之間的和諧

對於家中有多隻以上同伴動物家庭而言，牠們之間的和諧與否是非常重要的，關係到一整個家庭的氣氛及運作模式，相當於有人類小孩的家庭。即使是已馴化為家庭動物的寵物們，大部分依然保有其劃分地域性的天性，這地域性的存在往往造成各種衝突及爭吵。

除了地域性的問題之外，多物種也是另一個很讓人傷腦筋的問題。小時候讀著白雪公主的童話，不免會夢想自己能住在各種動物的家園中，所以各式動物們就這樣聚在一屋簷下。運氣好時，大家都能相安無事，和平相處。運氣差一些的，可能就一天到晚要拉開彼此，甚至被吵到夜不成眠。再差一些的，可能傷亡事件都有可能發生。

不同物種的熱鬧同居

以前在美國留學時，住在一個有著滿滿各種動物的家，很是奇幻。屋主的女兒們有著白雪公主的夢想，所以豢養了貓咪、狗、烏龜、天竺鼠、蜥蜴及小白兔，全部養在她的小房間中，除了貓咪及狗狗之外。平常只要一放學返家，家中的動物們就都會輪班從籠子中放出來開 Party，然後就會一直聽到小女生們不斷地阻止狗狗去舔烏龜、玩蜥蜴的驚呼聲。只有貓咪老神在在地留在窗邊，從高處看著一切。

不過，因為她們很清楚物種不同，所以大部分時間都是飼養在寵物籠中，

除了貓狗，所以動物們都被照顧得很好。以人的角度來看，是有一定的教育、陪伴性質，但以動物的角度來看，就很局限了，籠中的世界雖然有飽食，但總比不上大自然的自在與遼闊。這算是幸運的狀態，人及動物們相伴良好。

大狗與小貓的相處之道

　　不同物種的相處，還有一個案例也是很有趣。有位年輕的上班族 OL 帶著一隻超級可愛的哈士奇前來諮詢。這哈士奇可愛極了，但對於家中的其他貓咪們來說，可就一點也不可愛了。貓咪們平常住在家中的貓屋裡，哈士奇對於貓屋裡的一切非常的好奇，對於貓咪更是。但因為牠是狗狗，而且是大狗，所以常常用錯方式跟貓咪們互動，造成某次不小心把一隻小貓含在嘴裡，讓小貓經歷不小的驚嚇。但是飼主很清楚狗狗是喜歡貓咪的，因為曾經有次送養貓咪的過程，牠為了保護貓咪，不讓貓被帶走，曾刻意擋在貓屋前，不讓領養者進入貓屋。

　　此外，也從未對貓咪做出任何攻擊性行為。只是牠的體型對於貓而言，真的太大了，任何牠認為是玩的行為，都會對貓產生不小的驚嚇。所以貓們集體討厭牠，排斥牠，甚至會攻擊牠，這一點讓牠很受傷。後來，透過溝通協調，我與牠討論了各種與貓咪相處的技巧及遊戲法，牠理解了彼此之間的差異後，帶著全新的認知，回到家中與貓咪們重新相處，得到了很不錯的回饋。

　　我到現在還記得飼主傳的一張照片中，狗狗躺在地上，肚子朝天，巴巴地望著敞開門的貓屋，等待著貓咪們自己來跟牠玩。不再像過往一個勁地往貓屋中衝，嚇得貓咪們四處亂竄。這也算是異物種中一個歡喜收場的案例。

動物世界裡的大哥

　　那有沒有讓人難過的案例呢？有的。以下是同物種，但多隻飼養的案例。

曾有次在團體諮商時，遇過一對夫妻帶著3隻狗狗來諮詢。2隻大黑狗，1隻則是放在提籃中的奶茶色小狗。剛開始，2隻大黑狗圍著我坐著，雖然體型頗大，但心情還算好，所以互動起來還算和諧。直到先生開口問了一個問題：「可否請問，上次我們夫妻不在家時發生的打架事件，是不是現場這2隻大黑狗其中一隻做的？」

由於整個問題沒頭沒尾的，我實在聽不懂先生的意思，所以請他再更詳細地說明，他才娓娓道出：他們是中途之家，在山上有棟房子，飼養收容了很多的大型野狗，就是一般人不太願意中途的、有些攻擊性的狗狗。有次晚上夫妻返家，看見家中一片血跡斑斑，圍欄中的狗狗們傷亡一片，便緊急送醫，但還是有隻不治身亡。他們夫妻強烈懷疑是現場溝通的其中一隻狗狗造成的，所以想要透過溝通來找出兇手。現場的2隻大黑狗，一聽完飼主先生的話，其中一隻立馬「刷——」的一聲站起來，我汗毛都立起了，還好牠只是要站起來改成背對我的坐姿。牠透過這身體語言強烈表達心中的不滿及不願溝通，雖然明白狗狗的心情，但我還是小心翼翼地詢問了狗狗是否有什麼話要說。

大黑狗眼露兇光，同時頭朝我這撇了過來，丟下一句：「哼。」眼看狗狗不願說明，飼主不死心，立馬指著提籃中的小小狗，請我問問小狗狗當晚的狀況，牠目擊了一切。那晚，因為牠身材小，怕被其他大狗欺負，所以飼主夫妻那天晚上出門前把牠關在籠子中，也因此逃過了一劫。小小狗一聽到要問牠的意見，馬上開始抖起來，真的是不誇張，我都不知道我到底看到了什麼？現場2隻大狗兇狠地瞪著那小小狗。

因應性情調整飼養方式

在這樣的情況下，我只好趕緊幫小小狗說話，免得牠回家日子不好過。後

來，飼主先生愈講愈氣，其中一隻大狗，就是背對我的那隻，才悶悶地吐出一句：「誰叫牠不聽我的話？我是老大，牠竟想要搶我的位置？」我把牠的話傳達給飼主夫妻後，他們也證明了這隻狗狗的確是家中狗群的老大，被咬死的那隻是新來的狗狗，平常就有些不和。他們也強烈懷疑是狗老大闖的禍，希望透過動物溝通來跟牠溝通一下，表達大家都是一家人，雖然相處時間不會長，但希望都能好好共處。

但以這情況，我們都知道在外生活久的大型野狗，要牠們透過一次的溝通就改頭換面，成為愛屋及烏的溫和大狗，大家地位相等地相處，實在是很困難。動物溝通並不是動物控制術，這種與其天性相關的問題，很難這樣子就解決。最後只能婉轉地建議飼主，大型狗狗，尤其是有攻擊性的狗狗，還是分開來飼養會比較好。

動物有自己的選擇

另外，還有一個也是同物種，但最後不了了之的一個案例。一位很可愛的護士小姐前來諮詢，希望透過溝通讓家中的兩貓相處融洽。為了讓家中的大貓不感到孤獨，最近她帶回了一隻小小貓，但小小貓顯然很不接受大貓的存在，也不接受這位護士小姐，頻頻出現攻擊人及貓咪的現象。再加上大貓個性溫和，所以護士小姐對於牠所承受的攻擊感到很心疼，也不知道該如何是好。

一連上線，小小貓就大吐苦水，牠認為自己是被迫加入這家庭的。牠原本心儀的人類家庭是另一位身材有些微胖，頭略禿，看似好好先生的家。但牠不理解明明是跟著那位感覺穩重有著家庭感的人類男子回家，怎麼就變成這位總是不在家的護士小姐家，而且家中竟然還有另一隻大貓的存在。面對小小貓的控訴，護士小姐才恍然大悟，原來小小貓如此地排斥她們，完全是因為彼此之

間的誤解。透過護士小姐的解說，我更進一步知道，原來小小貓口中的穩定有家庭感的男子是她的同事。

他每天見小小貓都會等在他的機車上，性格溫馴親人，再加上聽說護士小姐正在替家中的大貓找一隻同伴，所以撈了這隻小小貓讓護士小姐帶回家中飼養。但小小貓對於這說法也有牠的解釋。當初牠天天待在那邊等著男子下班是因為媽媽交代。貓媽媽觀察這男子已有一段時間，感受到這男子身上有著穩定家庭感，認為他可信賴，是個好人。於是吩咐這小小貓天天待在男子的車上，也許會有機會讓男子帶回家飼養。通常街頭上的母貓如果判斷自己無法扶養小小貓長大，牠們都會觀察周邊的人類，找到可信賴的，就會把小貓拎到那人的家門口，或是他的交通工具附近。

這是現代街頭貓咪發展出來適應人類社會的生活智慧。只是沒想到陰錯陽差之下，小小貓來到了護士小姐家。而且大貓自己本身其實不想要也不需要另一隻同伴貓咪的陪伴，牠自認為過得挺好的。每天在家睡覺休息，等著飼主回家，一日復一日，也沒啥不滿意。兩相溝通下來，好不容易安撫好小小貓的情緒，也療癒了大貓的委屈。最後建議飼主將小小貓帶回原地，或是交給那位穩重男士飼養，也許會是最好的解決方式。

對於街頭貓咪而言，很多時候我們會誤會牠們在周邊圍繞的真意，繼而不小心將牠們帶到人類家庭中居住。若是性格相合，那就相安無事，但偏偏大多數不是這樣。貓咪的性格獨立，有其堅持，若不合心意，不是在家中大鬧一場，就是天天找機會跑出去，弄得大家都不開心。真心建議大家，請相信街頭貓咪的生存智慧，若牠想要跟你回家，牠自己會想盡辦法進到你家門，反之，請尊重牠吧！愛牠，不見得要天天朝夕相處，你儂我儂，不是嗎？

Chapter

4

那些動物教我的事

阿冰，
我的啟蒙動物老師

. . . .

帶我走上動物溝通之路的啟蒙老師，絕對是阿冰。
牠充滿靈性的行為舉止，還有好像聽得懂人話的眼
神，都吸引著我開始想去理解牠的世界。

　　阿冰是隻個性溫和的英國短毛貓。由於牠的前主人要遠赴國外生活，無法
攜牠同行，所以我們幸運地領養了牠。牠來到我們家時已是隻2歲大的成貓，
行走穩重而不輕浮，與家中另一隻米克斯小母貓 miu miu 的活潑、傲嬌形成強
烈對比。阿冰的來到完全將我的生活帶到另一個境界，各種充滿靈性的行為舉
止，宛若聽懂人話的眼神及表情，吸引著我開始想去理解牠的世界。

　　這一路走來，阿冰陪著我穿越千山萬里，宛如外星高等生命體一般，帶
著我熟悉整個動物溝通的方式、流程，再到以牠的生命直接教導動物死亡的過
程。牠對生命的態度以及那些令人腦洞大開的想法，一次次地將我自個人的思
想限制中推出，一次次地帶我看見希望，同時不斷地擴展我的小宇宙。

了解自己才能與毛孩溝通

　　在一次的演講後台，我被問到為什麼學動物溝通得先了解自己？這也是很

多人覺得疑惑的地方。動物溝通是意識場上的無聲交流，如果溝通師對自我沒有全面性的理解，其實很容易陷入訊息無法分辨的窘境。很多人學習動物溝通的第一因素是為了與自家的毛小孩溝通，然而真的踏入門學習了才發現最難溝通的其實是自家毛小孩。

身為我的動物溝通啟蒙老師，阿冰讓我清楚明白如果我的心飄到外頭，沒有好好地與自己內在同處，就會聽不到牠的聲音。

我們與自己的同伴動物吃住都在一起，像是一家人一樣。家人都是可以互相理解的，即使是牠。大部分的人在正式進入動物溝通領域之前，就大概可以理解自家毛小孩的想法及需求，只是更深的訊息，例如：身體哪裡不舒服或是對於生活有哪些更進階的要求，可能就比較無法確切明白。當我們在課堂上學會了溝通，帶著滿懷期望回家與自家毛小孩聊天時，對於牠的回應，我們往往第一念頭是懷疑，因為在那當下的直覺答案來得是這樣快，快到讓人懷疑是不是自己在自問自答。

在學習動物溝通之前，我們在與牠相處時，類似的情境就曾有過，所以不是我們無法接收到牠的感受／訊息，而是不知道如何分辨訊息。到底現在浮現在我腦海中的訊息或是感受到的情緒、身體的不舒服是我的還是毛小孩的呢？而這就牽涉到你了解自己有多少。

學習更多內向探索

所以，學習動物溝通的路上，我們不僅要學會如何提高自己的直覺力、感受力之外，更要去提高覺知力。覺知來自更多的向內探索，了解各個面向的自己，熟悉自己的思維模式，勇於拆除自我限制、療癒創傷，直到可以快速分辨現在的感受到底是來自內在的自我投射、經驗回播，還是即時的外在訊息。也

就是成為一個可以把自己從自我角色中拉出，以較高角度進行溝通，完全的中立訊息管道。

當一個溝通師可以循著以上的路徑學習、自我成長，他便能無礙地跟自己的毛小孩深入溝通互動。並且可以在第一時間覺察到自己是否正在偏離內在中心，以外境為主，跟著外境轉動。因為當我們心在外，不在內時，會再度經驗無法接收到自己毛小孩的聲音／訊息。

和自己的內在小孩合作

如何能保持與心同在，不隨外境轉呢？可試試先從內在小孩開始。與你的內在小孩保持平衡且喜悅的關係，可以協助你更加暢通無阻地與自己的毛小孩溝通喔！

多年的溝通經驗讓我發現，很多時候毛小孩的各種狀態其實都是同步在反映著我們的內在小孩。什麼是內在小孩呢？簡單説，你可以把祂先當成你的情緒總管，祂關乎你與各種他人的關係、包含你跟自己的小時候。祂熟知你的各種內在地雷，如果有人不小心踏到你的地雷，你便會陷入各種的情緒糾結進而演出各種負面情境。

我們認為最好是先自己主動把地雷翻出來拆掉，勝於因他人的無意或有意的觸動爆破，而造成無法預期的痛苦。那要如何找到自己的地雷呢？就是跟內在小孩合作，請祂主動告知。而且隨著地雷愈拆愈多，你會發現與祂的溝通愈發輕鬆而愉悅，你的生活也會跟著同步。

用書寫來和內在小孩互動

在課堂上，我喜歡透過書寫的方式來跟內在小孩互動，有時也會透過畫畫

或是內在小孩冥想來連結／照顧內在小孩。先介紹個簡單與內在小孩連結溝通的方式，這邊我們先以小時候的自己為主，如果你想學習更多的內在小孩，可以參閱坊間的書，或是參加我的源頭療育課程。

書寫方式很簡單，找個無人打擾的空間，準備一張小時候的照片，最好是個人獨照。如果是要拆地雷，那請找一張你最不快樂時期所拍的照片。如果只是單純想先跟內在小孩做個連結，認識彼此，那麼任何小時候的照片都可以。

好好地深呼吸，放鬆自己，也可以點個小蠟燭，放段喜歡的靜心音樂，營造一些儀式感。

然後請看著照片，寫封短信給小時候的自己，講講自己目前的生活境況，回顧一下以前的自己，或是任何你想跟小時候的自己說的話。

接著，以她／他的角度回封信給自己。透過這樣來回的書信溝通，來療癒自己，解開一些小時候對於父母或是生活的各種誤解。

甚至可以透過這樣的書寫，重新改寫你小時候經歷過的一些不快樂。這樣的療癒方式簡單，但是也因為太簡單了，很多人其實一開始很難提筆去寫，會有莫名的抗拒。但，請相信我，這方式雖然簡單，卻可以帶來很大的療癒效果。請試著帶著勇氣去與小時候的自己、你的內在小孩，連結互動一下吧！

阿冰的各種視角

阿冰常常用牠的角度跟我分享，在貓咪的想法裡，生活是什麼樣子、人是什麼樣的存在體；狗狗、小鳥、外面的世界、樹木、花，對牠而言又是什麼樣的存在。那是一個完全跟人類不同的角度，也因為牠的存在，也因為牠的分享，所以，我的世界觀被擴展地「非常的奇異」，可以說是奇異，也可以說是走向一般人可能沒有觸碰到的角度。

有時我會提出一些與動物相關的社會議題和阿冰一起討論，因為，阿冰牠
不像我們要常常去外面跟各個不同的團體交流，也沒有那麼多的包袱，牠唯一
需要專注的就只有牠自己，以及跟牠一起生活在同個屋簷下的我們，所以牠的
想法及感受，也就相對的比我們單純而直接，也常常能夠一針見血地提出一些
非常有趣的解答跟觀察面向。

都是人類造成的

比如說，有段時間在台灣的淡水流行貓瘟，這件事情在當時起蠻大的新聞
激盪。有些人主張要把那邊街頭貓咪做更多的處理，遂能夠遏止貓瘟擴散；有
些愛護動物的團體則認為我們要協助貓咪就醫。總之，各派人馬都有，意見紛
雜，但是都是站在人的角度來看事情。就這件事情上，我就曾經問過阿冰的想
法，阿冰說：「各種疾病的產生其實都是大自然在做一個平衡的動作，有時候
人類真的是想太多也介入太多，有時候也許你們人類的不介入，反而能夠讓事
情更好解決。」

牠那句話讓我思考了一陣子，我們有時候是不是真的聰明反被聰明誤了
呢？是否太多時候，我們以為自己是這個地球主宰，而自以為是地做了許多不
應該有的介入？也還記得有一陣子，台灣被禽流感所籠罩著。那種恐懼，從南
到北、從北到南，各種雞鴨、禽鳥被撲殺的消息不斷傳來。那一次，我又再次
問了阿冰的想法，阿冰只是搖頭，牠說：「這一切都是你們人類造成的啊。」

我說：「為什麼這麼說？」

牠說：「你們因為欲望、貪念，在這些地區、在你們的世界，產生過多的
家禽類、禽鳥類。所以，當然就得要有這樣的一個猛爆性的疾病來協助數量的
平衡啊。最唯一的根本，還是得要回到人類最原初的動機來想：你們為什麼要

去浪費那麼多的生命資源？」

阿冰的業力包袱觀點

「你們人類總是認為，尤其是中國人，有一個想法是說：多生一個小孩，就是多一個業力的包袱。所以你們現在的人，或者是有覺知一點的人，基本上就不太願意再生小孩，這種事你們是有的。可是在實務上，在其他方面上，你們卻好像沒有將這樣的想法貫串起來，多一隻雞、多一隻鴨，就是多一個人類所說的可食用動物來到這個世界，如果牠剛剛好餵飽了所需要的族群，那一切就沒有問題。但是現在不是不足，而是供過於求了。你們怎麼沒有想過，那也是另一種業力的包袱，你們得要去負責呢？」

說真的，阿冰的這些想法，對於我都是一些不小的刺激，但是，我很享受這樣的過程。於我而言，牠不再僅僅只是同伴動物而已，更多的是一位協助我突破框架的夥伴，甚至是老師。

阿冰示範的界線

身為一隻貓，阿冰很需要自己的空間，但不代表牠就對於周遭不在乎或是有著隔閡。當我心情低落時，牠懂得跟我保持距離，會到我的旁邊支持我，協助我消化情緒，但牠不會整個黏上來我身上，而是跟我保持距離。

印象中，有一次，我心情很低落在房間躺著休息，牠感受到了我的不對勁，所以牠走進房門來，但是牠走進房間之後，便在房門的那個地方趴坐了下來，屁股朝著我的方向，那時的我不了解，想說怎麼是個無情的貓，進來了也不靠近一點？牠就這麼跟我維持著距離，但是不時地轉過來看看我，確定我是否還好。牠用這個方式來支持我，消化我的情緒，這個部分我後來才知道，其

實，牠這樣做，是很好的。

就好像我常跟學生說：「當你要療癒、協助他人之前，你得要先確保自己的界線在哪裡。」「你現在是否適合協助他人？而你自己是穩定的。」

阿冰牠很清楚自己的界線在那裡，所以牠會跟我維持一個距離，在那個一定的距離支持我，而不會整個好像飛蛾撲火一樣黏在我身上，因為牠知道我正在釋放一些很沉重的情緒。牠屁股朝著我，那是貓的習性，這個我們都知道，貓咪只會把牠的背朝向牠喜歡且信任的人。

所以其實牠在這部分又再教會了我這件事情：界線。

牠教了我界線很重要，有界線不代表是不愛了或是不關心。因為我們懂得愛自己，才能夠去愛別人；懂得去愛自己，才能找到那個界線。這部分很多的心靈工作者是很需要去學習的，或者是說志工、義工。我覺得阿冰在「界線」這個部分教了我很多。

負責的課堂助教

阿冰很喜歡在課堂上當小助教，那帶給牠自我價值的提高，也給了牠自我存在的意義。在末期，牠年紀比較大的時候，如果我跟牠說，你今天是課程的助教，牠總是會非常負責且開心地在教室裡，蹲坐在需要牠的地方，也會隨時去注意班上的學員有哪些需要被支持，而默默地走到他／她旁邊，用各種牠的方式協助在場的學員來學習如何跟動物說話。我記得，當中午休息時，牠便會自行離開課堂的空間，去牠可以休息的地方；當我說要上課了，牠就會回到課堂中間。牠很清楚上課的程序，跟著這程序休息、服務。

阿冰一直都很清楚地在展示牠負責的態度，且非常願意去分享、協助人們去理解動物的心，同時牠也在這過程中，得到自我價值的認可。我覺得這點人

跟動物是一樣的，每個人都希望自己的位子是可以被認可的，自己的存在是有價值的，放諸人跟動物都有。也因此，常常有時候，我們在處理比較特殊個案時，比如說，可以感受到這個同伴動物在家裡是需要被看到的時候，我往往會建議飼主可以給牠一些工作做，比如說：看家、協助找蟑螂……，一些有趣，但又不會太辛苦的工作。往往在這樣的建議之下，動物也能夠回復牠的自信心，同時牠們求關注的行為和表現，也會大大地降低，這都是放眼過去人跟動物都會有的狀態。

擔起成為哥哥的責任

另外，我覺得阿冰很感性的一面是，我永遠記得我懷孕時跟阿冰說，會有個妹妹來到我們家，牠是哥哥，希望牠能負起當哥哥的責任。

阿冰在當下就真的聽進去了，從大女兒出生，一直到她上小學，到最後阿冰因為年紀大而離世之後，阿冰從來沒有一刻放下牠答應我的這個責任、這個工作。牠不會跟我抱怨說不要再照顧妹妹了、不要再跟妹妹玩。牠永遠都是很盡責地覺得這是我的妹妹，我要好好教她。牠會教她收玩具，用各種方式提醒妹妹要收東西、教導妹妹什麼叫做尊重、動物跟人是平等的。牠用各種方式在教導，這是阿冰很有趣的一些特點。

牠也沒有像一些動物會吃醋，這可能是跟我們事先有告知，尊重牠是家裡的一分子，讓牠有心理準備有關係。人也是一樣的，我們都是要被尊重被告知，尤其在同一個家庭之下，不論多親近的人，尊重非常的重要。

生命會力挺「支持他們的人」

另外一個，也是阿冰教我的：所有的生命都會去力挺「支持他們的人」。

應該是説，所有的同伴動物都會無條件去愛著那些支持牠們生命的人，尤其是被領養的同伴動物，這點在後續的「多年溝通生涯」中，碰到太多太多類似案例，都不斷地證實我觀察到的這點。也許你以為只是領養牠來到這個家、你只是領養牠陪伴自己，不論目的是什麼，當領養這個動作延續了牠的生命，同伴動物真的都會無條件地愛著你、支持著你，是用一生的生命在支持著你。

　　自從領養阿冰之後，説真的，牠沒有花過我們家一毛錢，甚至在某些程度上，還支持著我們家整個經濟，牠讓我看到什麼叫做「無條件的愛」。 即使我常常因為工作得要到處奔波，有時候牠得自己在家一、兩天，或是有時候要去醫生好友家住個幾天，牠都沒有任何的怨言，一直都是位很貼心的家人、很好的同伴。這點我非常的感謝牠。牠把自己照顧得很好，這點也是我很大的學習，如果你真的愛你的家人、愛這個世界，真的得要把自己照顧好，因為光把自己照顧好不讓人擔心，就是一個讓人很放心、很欣慰的舉動了。

　　阿冰這點做得很好，牠一直都把自己照顧得很好，也沒什麼生病，一直到年老才有些狀況出現，説真的，這十幾年來在我們家，牠真的是很讓人放心的小孩。要好好的愛自己、照顧自己，不要讓別人擔心，這是牠教會了我。

死亡，最後的一堂課

　　最後一堂課，牠教給我的是「死亡」。動物會如何死去，然後牠們死亡過程中會經歷什麼樣的事情，以及我們該用什麼樣的心態協助牠們轉化到下一個旅程。

　　這是阿冰最後給我及整個家庭的一堂課，一個非常震撼的課程。

　　阿冰很早就開始調整牠的心態，準備死亡的到來，大約有３年之久。曾經牠常常繞著我轉，吵著要當人，叫我給牠想辦法。我也只能一次又一次地拒絕

牠，直到跟牠說，除非你透過死亡來選擇下一個生命之途，否則很難成為人。牠聽進去了，之後牠很安靜地，常常蹲坐在念佛機旁聽著「聽即解脫咒」， 牠的爸爸做晚課時，牠便會跟著進佛堂，一起靜心。

再加上牠常常在課堂上聽我講著各種溝通時遇過的死亡個案，所以牠對死亡其實有著一定的理解。但即使如牠，當死亡來臨之前，牠還是恐懼了。 我只能不斷地安撫牠、提醒牠，別忘了運用自由意志選擇你的下一個經歷，別忘了跟著頭頂的光線前進，放下恐懼。

也因為牠的存在、因為牠整個展示，讓我得以將我所學的再去分享給我的學生們，讓他們明白動物面對死亡時，我們更該用什麼樣的態度，以及該如何更好地協助牠們。這個是阿冰給的一個非常珍貴的教導，沒有其他人可以做得比牠更好，我真心這麼覺得。也是因為牠的存在，讓我明白：「原來生命其實從來沒有停止的一刻，生命是生生不息，因為愛一直都是在的。」

動溝路上的
其他動物老師

• •

不只是貓和狗，還有兔子、倉鼠等等，出國時遇見
的大象、氂牛、豬與雞，都給予了我寶貴的一課。

　　當然除了阿冰之外，在動物溝通生涯上的其他動物們，也教導我非常非常
多有趣的道理。

台東的貓教我靜心法

　　我記得那是一隻來自台東的貓，那隻貓的飼主有著一些情緒的問題，有些
是受到當時居住的房子影響，有些是飼主本身的內在課題。原本飼主想經由溝
通確認自己的貓咪是否一切都好，沒想到最後卻是這隻貓教了我們一個非常有
趣的方式來平靜我們的心、平靜我們的情緒。

　　我們常常看到貓咪透過舔毛整理身體，把自己弄得乾乾淨淨、服服貼貼，
全身毛髮是閃亮亮的。其實透過舔毛，牠們除了清理身體表面的髒汙，同時也
在淨化、安撫自己。在溝通的過程，牠告訴我，也告訴牠的飼主，如果她沒有
辦法靜下來的話，她可以試著想像任何可以讓她安靜下來的文字，把這些文字

覆蓋在全身，從腳趾頭慢慢的覆蓋到頭頂，就好像牠舔毛一樣，一寸一寸地蓋上來，然後就會靜下來。

當時，牠這樣的一個方法就讓我有一個想法，我們可以把心經，或者是一些經典，那些公認可以穩定、安定人心並且撫慰心靈力量的文字、符碼，慢慢地、慢慢地透過想像「寫」在我們的身體上，後來也證明那隻貓的分享，的確是非常有效果的。現在那也成為我課堂上必教的一個靜心技巧，甚至延伸出更多的運用，協助人及動物安撫自己、回復平衡。

會自己找樂子的狗狗

常常在溝通時會被問到說：「當我們人不在家的時候，我的同伴動物會不會覺得無聊？會不會焦慮？我該怎麼做？我是不是該多帶一隻同伴動物回來陪伴牠們？」

我記得在類似的案例上，有一隻狗狗是這樣告訴我的：牠在家並不會感到無聊，因為整個家就像牠的叢林一樣，牠會自己去打獵找獵物，一直玩到爸爸下班回家為止。在那獨自一狗在家的時間中，牠從來不覺得等爸爸回家是一件很痛苦的事情。

我好奇問牠：「為什麼可以這樣一直玩？怎會想到家可以像森林一樣打獵、玩耍，而不會覺得心情不好，或者是無聊呢？」

牠告訴我：「生活就是得自己找樂子啊！難道別人幫妳找嗎？生活是妳自己的還是別人的啊？」

說的也是，我們總得為自己負責，不能把所有的問題都往外推，得要自己找到一個可以幫助自己的方法。轉念轉念，轉變你的既定念頭，以不同的方向去看問題、看事件，往往就可以帶著我們走出死胡同，走向更大的可能性。

即時享樂的好聊貓

那是一隻很好聊的貓咪，一開始便很熱情地帶著我遍遊牠家，從大門口一路介紹到廁所，每一個空間都帶著我的神識去逛上一圈。透過牠的詳細居家導覽，牠的主人立馬確認我真的連結上她的貓咪了。

主人家是一對小有名氣的手工甜點製作達人，家中常常瀰漫著各種蛋糕、派、甜食的味道，偶爾女主人會拿一些些貓咪也可以吃的蛋糕、點心給牠嘗一些。牠說，牠最幸福的時光就是吃到主人自己做的好吃蛋糕。牠拿這些甜甜的美食比喻生活，跟我分享，也請我提醒牠的主人，把每一天當成是一個好吃的蛋糕、派、或是布丁，去享受發覺各個隱藏在人事物中的甜蜜。把日子過成甜甜的，而不是苦苦的。這樣人生會快樂很多很多。牠還補充說：「既然是做蛋糕的人，就更該把日子過得甜甜啊！」

印度星龜的吸星大法

自從跟印度星龜聊天後，我對烏龜就有了「敬謝不敏」的心。牠們真的是非常、非常有智慧的族群。雖然說當時來溝通的烏龜年紀不大，不過，牠的較高自我卻是個厲害的「狠角色」，在我的感知裡，牠是位年長者，有著超乎一般人想像的智慧。也許，這也跟烏龜的主人是位占星師又是心理諮商師有些關係。這隻烏龜的談吐間有著異於「常人」的早熟，甚至帶著些洞見。

當時，這位小姐帶著這隻烏龜來找我，是因為牠生病了，去看了醫生都沒有好轉。所以，她希望透過溝通來尋找是否有心結，或者是有那些身體不舒服的地方是醫生尚未檢查到的。當這位小姐把牠從盒子中放出來時，這烏龜一看到我，就直線地往我這邊爬過來，那是我第一次感受到自己是多麼的受烏龜歡

迎。在聊天的過程，牠更是整個倚靠在我的身上，貼著我說話、聊天。

這隻烏龜給了飼主非常多睿智的答案，協助飼主看見她和牠之間互動的糾結及更高的關聯性，還有提供一些解決的方式，當然也包含牠對自己身體健康方面的一些說明。但其實重點都不在這邊，重點在於：這隻烏龜，以及這位飼主離開之後，我發現到我身上的力氣都被抽光了。原來所謂的「吸星大法」是真的存在的！

烏龜是探測能量的高手

只能說烏龜真的是非常懂得探測能量的族群。牠們會依據身體所需，主動地去尋求環境中擁有可以滋養牠們的物件或是區域。在這個個案中，我就成為能夠滋養牠的「物件」，所以從頭到尾，牠都倚靠在我旁邊，而且溝通完，牠是精神奕奕地離開的，不像剛開始進來時的病懨懨。當她們離開後，換我沒力氣地倒在該處。也因為如此，現在跟烏龜溝通，我都要跟牠們保持一定的距離，只要牠們想朝我飛奔而來，我一定會想辦法隔開，這是從那隻烏龜學到的經驗。

所以很多地理師言之鑿鑿說找房子要帶隻烏龜去，只要讓牠們在屋子中走上一圈，牠最後選擇落腳的地方，就是房子中地氣最好的位置。從這之後陸續幾隻烏龜的接觸經驗，我認真的認為烏龜真的可以達到這個要求，牠們真的很厲害。至於我從這事件上學習到什麼呢？大概就是不要被牠們可愛無害的外表給迷惑了，自我的能量守護還是要注意且明確，尤其是面對烏龜！

麻木的印度街頭大象

大約四、五年前，在印度街頭上，我看了一隻非常巨大的大象，牠背上馱

著一個印度人。由於大象的額頭中間有個以紅色顏料書寫的梵文 OM 符號，所以這隻大象的形體特別的吸引我，讓人想一探究竟、想知道這樣的一頭大象心裡在想什麼、想知道是否能溝通。

所以在當時，我徵得主人的同意之後，我有試著跟大象互動。

第一次近距離摸到大象的身體時，我驚訝於牠的毛髮、皮膚的硬度及粗糙感，感受不到太多柔軟及溫度，加上牠的眼神，從頭到尾都沒有太多的變化，我有些不解。我試著調整自己進入牠的頻道跟牠聊天、跟牠打招呼，但是回應我的是一片空白，這是我從來沒遇過的情況，我不知道是牠額頭上的符號阻止了牠與外界的溝通，還是因為長期生活上受到某種壓力而形成的不言不語，這是我第一次跟大象近距離接觸。 不是我以為的溫暖且充滿靈性，取而代之的是沉悶及無語。

我看著那隻大象的眼睛，是混濁的、橘色的，沒有一絲光彩，感受不到對於生命的熱忱。我看著坐在牠背上的主人，一個非常瘦弱的印度男人，他的眼睛也是混濁的。我不知道他們的生活發生了什麼事情，但這是我頭一次遇到沉默不語且充滿著疲倦，麻木而無情緒的動物。

印度母豬的生命觀

第一年去到印度時，在街道上巧遇一群豬。印度的豬長得跟台灣的豬不一樣，牠們小小的、身上有著像山豬一樣的鬃毛，那是一群母豬帶著小豬們在街上閒逛，牠們看起來非常開心、自在，跟其他不同的族群動物一起在街上與人共同生活著。

我跟牠們稍微打了聲招呼，豬媽媽頭也不抬地當作什麼都沒聽到，反而是小豬們發出奇奇怪怪的聲音，好像覺得有人跟牠們打招呼是件相當奇怪的事

情。我看著豬媽媽帶著這群小豬們，悠哉悠哉地到處找吃的，也就沒有多聊。

隔天，我在同一個地方又遇到同樣的豬群，可能是這附近人家放養的。但不同的是，這次在牠們身邊有個小豬仔躺在地上，姿勢非常怪異，身體是僵硬的，我走近一看，才發現那隻小豬已經沒有氣息了，但是豬媽媽跟其他小豬們還是圍在旁邊吃著東西、說著話，我不理解。

我忍不住開口問了豬媽媽：「妳的小孩都好嗎？牠看起來像死了……」

豬媽媽看了我一眼，覺得我大驚小怪，說：「生命就是這樣啊！我這個小孩牠沒有辦法熬過去、活不下來，也就只能這樣啊！等一下會有人來把牠帶走的，不用擔心。我還有很多小孩要照顧呢！」

牠的回答，說真的讓我有一點不知道該如何回應。因為你感受不到牠任何一絲的悲傷和難過，你只能感覺得到牠像當地人一樣：「我只能為下一餐做準備」、「我得要打理我其他的小孩子」、「死亡是很正常的」、「適者生存，是我們大家都知道的常規與常理」。

反而我們這些從外地來的，好像有點太過於大驚小怪了。站在這樣的印度街頭，我忽然有種惆悵，但又伴隨著強烈的感恩，生於台灣、長於台灣的我們是如此的幸福。但矛盾的是，這樣的幸福卻又讓我隨即聯想到一個故事：曾有一位很有錢的富人去到一個落後的國家，在那國家的某所小學校看到小孩們圍著籃框搶著一顆球玩。富人皺皺眉頭，覺得該替這邊的小孩做些事。於是，隔天，他給每個小孩一人發一顆籃球，這樣他們就不用搶球玩了……。

國家公園裡的氂牛

普達措國家公園位於中國雲南省迪慶藏族自治州香格里拉市境內，非常漂亮、環境優美，原始生態保持良好。在這個國家公園裡慢慢徒步走上一、兩個

小時，都不會讓人覺得累，甚至會愈走愈有精神。公園內的各種自然元素及清新乾淨的氧氣充分滋養著園區裡的人、動物們和每個生命。

我記得那時候，一邊走在園區的木棧道上、一邊讚嘆著風景時，我看到了一頭巨大的犛牛倒在一片綠草地上，一旁的外來旅客議論紛紛。在那頭犛牛的旁邊，還有其他的犛牛和馬，牠們照舊吃著草，照舊躺臥著曬太陽。我站在木棧道上直直的望著犛牛，牠一動也不動，僵直的身體就這樣地置於那片美得令人讚嘆的草地上、小河邊。

我很訝異在這麼優美的國家公園，怎麼會有一頭犛牛倒在這個地方卻沒有人管理？

我忍不住問了旁邊的犛牛和野馬們，結果牠們說：「這是很正常的啊！牠的生命已經結束了，在這裡是非常正常的事情。生命就是這樣的來來去去，有生就有死，妳不用感到悲傷，晚一點會有人來處理這隻犛牛的屍體，我們能夠在這個地方安享晚年，我們都覺得非常滿足。」

尊重生命的感動

牠的話讓我感到有些不解。於是，事後我問了藏人朋友，藏人朋友向我解釋說：「在那邊所看到的犛牛和馬，很多都是附近藏民放養的，或者是當牠們年老之後，帶到此處野放的，讓牠們可以待在這裡安享天年。所以妳會看到牠們倒臥在園區裡面自然的死亡，而且犛牛跟妳說的這些話都是非常正確的，因為在我們藏人的眼裡，死亡就是件非常正常的事情，是回歸大地的一個過程。我們對待每一隻犛牛和馬，就像對待家人一樣，當牠們老了，我們認為就得讓牠們回歸到自然，而那個國家公園，是我們覺得最適合讓牠們安享天年的地方。」

他們對生命的態度，讓我非常感動。在那段時間的旅遊，我從藏人身上以

及動物身上，學到了非常非常多。他們敬畏天地，尊重生命，同時遵循整個大自然的循環、流轉、過程不強求，彼此尊重，對當時的我而言，是很大的震撼也是很深的感動。在那個旅程，我看到了生命的光，自然且互相照耀彼此，沒有矯情，有的是心與心的交流，人與動物間如家人般的情感支持與互動。

來自海洋的汙染討論

在關島的一次戶外教學之旅，我們特意安排了船出海，期望能夠跟鯨豚有更進一步的接觸和溝通。在行前，我們就先想好了，我們想讓鯨豚們知道，目前海洋有很多的汙染，請他們不要去吃人類丟下去的垃圾。因為我們從新聞得知，鯨魚和海豚身體有非常多來人類的各式垃圾，尤其是塑膠袋。所以我們想說趁這個機會與鯨豚們分享那些人類遺留在海洋中不能吃的垃圾，同時請他們教教自己的孩子，避開吃這些東西，尤其是塑膠袋，以免造成死亡。我們是帶著這樣天真的想法上船出海的。

在蔚藍的海上，我們如願地見到一大群海豚。這群海豚非常友善，圍繞在我們船邊不斷迴游著，所以我們有非常充裕的時間與牠們對話。當我們把想法告知這些海豚之後，海豚們回應的是：牠們早就知道了，但是有時候，還是會有幾隻小隻、不懂的還是會去亂吃，就像人類小孩有時會亂撿拾地上東西吃一樣。再來就是鯨魚，牠們嘴巴一打開來，就是海水整個灌入到口腔中，要去將垃圾挑掉而不吞食，其實有些困難，這是牠們的困擾。現在的海水，嘴巴一打開，垃圾就會塞滿嘴，很難吐掉、很難過濾，所以牠們也很苦惱。

讓人意外的困擾

另一位學員同時也接收到海豚告訴她說：「可以請你們人類下海的時候，

身上不要塗會汙染海水的防曬乳嗎？那個對於海水有很大的汙染。其實它會讓我們海豚很不舒服，會讓我們皮膚無法呼吸，也會傷到珊瑚的生態，如果可以，是否可以用一些比較天然的材質代替你們身上擦的白色乳液？」

這部分我們倒是沒有想過，原來這也會對海豚造成困擾，畢竟在海邊擦防曬乳，似乎是一個再平常不過的動作，而且我們總是認為海水會沖掉這些乳液，應該不會造成太大的困擾才是，沒想到海豚竟然會提出這樣的要求，希望我們不要擦那些化工製的防曬乳液下海，以免汙染海洋，造成牠們的皮膚無法呼吸。如果你熱愛海洋活動，為了這些友善的海洋生物們，其實，除了化工製的防曬乳之外，我們還有其他更自然且不會汙染海洋的選擇，例如：椰子油或是其它標榜海洋友善的天然防曬品。建議大家防曬之餘，也請多多保護我們的海洋同伴喔！

熱愛分享的倉鼠

跟倉鼠溝通是一件很有趣的事，牠們除了很可愛之外，還最喜歡跟人分享食物，很多時候牠們開口的第一句話就是：「你吃東西了沒？我有東西，你要不要吃？」

牠們最喜歡跟人家分享食物，最喜歡跟人家擠在一起，用吃聯絡感情，牠愛你、喜歡你就是要跟你擠在一起。如果你不跟牠擠在一起，牠會覺得你這個人很奇怪。所以常常都看到一堆倉鼠疊羅漢似地疊在一起，因為牠們覺得這是愛的表現，所有東西就是「好東西一起分享」，包含體溫。

曾經我問過一隻倉鼠：「你的生命意義是什麼？」牠告訴我：「就是吃啊！我的生活就是吃吃吃，然後擠擠擠，這是一種快樂！」

從牠身上我學到的就是「活在當下、團體合作、共同享受生活樂趣、共

同享受食物的豐盛、沒有個體」。牠們不會像某些物種會去藏食物，牠們願意分享、願意和其他生命互動，而且不會認為你與牠物種不同就跟你有一些距離感。在倉鼠的世界裡面，牠們就是一群認定「整個世界都是遊樂場」的一個存在。牠們的態度，教會了我快樂、教會了我分享。

峇里島上友善的動物們

峇里島的雞，是我看過全世界最會指路的雞。

那是一次戶外教學，因為教學的需求，我們必須去拜訪一棵八百多歲的女神樹，但是在前往拜訪樹的過程，我們迷路了，司機決定下車去問村民。這時，我看到路旁有 2 隻雞，一隻公的、一隻母的。我於是大聲地開口問了牠們知不知道女神樹在哪？車上的導遊聽到我的問話，感覺既有趣又怪異，興致勃勃地聽我跟那隻雞溝通。那隻很帥的公雞也很大聲地回應我說：「你們要找的那棵樹，在前面右轉就是了。祂在等著你們，快去吧！」

我把我得到的答案跟導遊說，導遊聽了就說：「我們等司機回來看他怎麼講。」結果司機回來也跟導遊講：前面右轉就是了。導遊當場就覺得：「哇，原來那隻雞真的認得路！你們真的會溝通啊！」

在峇里島，不是只有雞會指路，整個島上的動物都非常開放，非常喜歡跟人互動，你問牠什麼，牠都能夠回應你，完全沒有一點猶疑或是覺得奇怪，就連民宿的貓都會非常關心我們上課的進程。

在民宿的花園，有學員遇到蛇，牠也能夠體諒我們從外地來的可能會害怕牠，直說：「我已經要往前走，我已經要離開你們住宿的地方了！安心睡覺，我不會吵到你們的！……有沒有感覺到我在走了！」你就會覺得，天啊！峇里島的動物怎麼都那麼友善？

人的尊重換來大自然的友好

後來，我們觀察發現是因為島上的人對大自然的態度，他們對於動物是很尊重的。島上的人很熱衷拜拜，尤其是女人，一生有80%的時間都在拜拜。他們拜好的神也拜不好的神，拜大自然也拜動物，他們尊重所有自然界的存在跟存有，也因為這個態度，所以那邊的神明、精怪、各式存有相當興盛，那邊的植物、動物也都長得特別的好，也非常的願意與人交流溝通，這是我們在其他國家沒有遇到過的。

整個島上的精神世界異常的活躍。 也因為大家對周邊的生命都尊重有加，連開車經過一棵大樹，都會點頭或舉手致意，在那邊，我們感覺不到太多的恐懼及距離，大家都非常的自然互動。學員們在那停留的幾天都感覺到被整體環境接受且安全的氛圍，看到蛇、看到小蟑螂、各種昆蟲、爬蟲，甚至睡在一片面對漆黑叢林的開放式房間，都還是感覺安心不害怕。

我想這就是，彼此沒有傷害對方的心，自然無所懼的真正體現。如果想體驗自然且開放的動物溝通，尤其是想跟寵物之外的野生動物交流，也許可以去峇里島走一走，絕對不會讓你失望。

貓咪的婚姻家庭觀

曾有一隻貓咪這麼問我：「人類為什麼是母的去打獵，公的在家？我媽媽每天都出去，回來就會帶吃的回來。可是最近交的這個男朋友，實在讓人很不喜歡他耶！他每天都躺在沙發上，看他的電腦、做他的事情，等我媽媽帶吃的回來餵他。這跟我們很不一樣！我們是公的出去耶！怎麼你們會是母的出去？我們如果母的出去，都是為了小貓去補食，但這男的又不是我媽的小孩！」

　　原來貓咪一直在默默觀察牠飼主的生活，然後對於由牠的人類媽媽出去獵食來餵養人類成年男子這部分，有點不以為然。當然這部分，後來有特別解釋給這貓咪聽，以化解牠的誤解。

物種不同，價值觀也會不同

　　另外一個例子就是阿冰，牠以前有一個女朋友，週末是牠們的約會時間，母貓的主人會來我家帶阿冰去她家度週末。這段甜蜜約會期一直維持到母貓懷孕便停了，因為一開始便是刻意讓牠們在一起，母貓的主人希望她的貓咪能生小貓。母貓生產後不久，我們興沖沖地帶著阿冰要去探望牠，但是阿冰一反常態，不像以前一聽到要去女朋友家約會就已經在門口等了。自從女友懷孕生小貓之後，牠就怎麼樣都不願意再去牠家，必須要靠我們強拉、強抱牠過去。到女友家之後，牠也不像以前一樣會很開心的往女友身邊走去蹭牠，反而是用四隻腳扒住整個門，怎麼樣都不肯再靠近。

　　後來也是我們強迫帶阿冰過去看那些小貓們，牠在整個過程都顯現出非常不自在，甚至會對小貓哈氣，這真的是大出我意外。從女友家回來之後，我就問了阿冰：「為什麼你要這樣子對你的女朋友？牠幫你生了這麼多隻小貓，你怎麼都沒有安慰牠、謝謝牠？然後你怎麼可以兇你的小孩？」

　　沒想到阿冰竟然告訴我：「你可以不要拿人的想法來看我們貓嗎？我們貓族裡面生了小貓，是母貓的問題，不是公貓的問題，牠要自己養啊！而且，再說是牠要生的，又不是我要牠生的！」這件事讓我對阿冰印象非常的不好，至少對牠生氣了 2 個禮拜，後來我想想，也不是牠的錯，是我把人的觀念套在牠們身上了。物種的差異帶來殊異的價值觀，是一件再正常不過也需要彼此尊重的事。

貓咪說要拿人類的照片

　　很多時候我們會遇到個案希望透過溝通了解自家毛小孩對於爸爸、媽媽、哥哥、姊姊等眾家人的感覺、想法或是意見。在剛開始初期還不懂、經驗不多的時候，我都會直接地問毛小孩：「你喜歡爸爸、喜歡媽媽、喜歡哥哥、姊姊之類的嗎？」而牠們總是眼睛看著我說：「妳在講誰啊？」或者答非所問。

　　後來就覺得很奇怪，只要是談到這類的問題，出錯率就很高，一直到有一隻貓告訴我說：「妳問我這個問題，妳是在講誰誰誰、某某某嗎？妳講的媽媽是在講這個人嗎？」一邊講一邊讓我看到相對應人影，而那樣子就像來溝通的飼主。我說：「我就是在說她，為什麼你還要再問我一次？」

　　那隻貓就跟我說：「因為我聽過很多人叫她不同的名字，她跟我講她叫媽媽，可是我有聽過別人叫她其他的名字，有人叫她小姐，也有人叫她某某某，所以說，我真的不太確定妳講的是不是她？」

　　從那隻貓的回應我才想到動物是以圖形為主的，當我們用人類稱謂在詢問問題的時候，倒不如直接拿詢問對象的照片，傳送詢問對象的圖像模樣給動物，牠們更能理解你在說的是什麼。

動物的時間單位跟人不一樣

　　動物的時間單位也是非常與人不一樣的。當我們平常在跟牠講說我們幾點鐘回來、要去哪裡幾天，一些跟人類生活時間長的動物們也許還能夠理解，但大部分的動物是沒辦法理解你說的時間單位，牠們無法理解幾點幾分是什麼時候，牠們也無法理解出去幾天是多久的一段時間。所以在早期，用人類的時間在跟牠們溝通時，效果是非常差強人意的。一直到後來我家的貓咪阿冰提醒了

我：「你可以跟牠講看幾次太陽的出現，或者吃幾頓飯，飼主就會回來，這樣子牠們會更理解。」

你是否也有這樣的困擾呢？明明都有跟牠說什麼時間會回家，但牠卻還是在家大搗蛋或是演憂鬱不理人的戲碼給你看呢？也許是你使用的時間單位讓牠無法理解，下次出遠門前，試試用太陽出現的次數、吃飯的次數之類的時間量詞來描述你會回家的時間。如果你有做到在承諾的時間內回到牠身邊，也許那些讓人煩心的行為或情緒表現就會停止。

廁所的味道其實很香

在某次的課堂上，學員因為她的貓咪非常喜歡去廁所躺在馬桶旁邊睡覺，讓她大感困擾，認為這是一個很不衛生的習慣。不論她如何地禁止或是責罵牠，貓咪還是喜歡溜到廁所去躺臥在馬桶旁邊。所以她決定以這問題來做課堂的同理感官練習。在練習完後，她的表情五味雜陳，大呼她誤會了，原來我們人類覺得很臭的尿液阿摩尼亞味道，在牠聞起來是超級的好聞、超級的香和舒服，連那學員都說：「如果我是牠，應該也會躺在那裡不願意離開吧！」

從這個例子我們發現到，有時候我們以為的臭，在動物的感官嗅覺裡其實是香的。在溝通時候，如果要達到有效的溝通，一定要能感同身受，理解並同步牠們的感覺，才能夠有效的溝通。如果以我們的角度強迫牠們去接受我們的觀點，很多時候不僅效益不彰，甚至還可能引起更大的誤解。

貓咪的魔性按摩，是在抒壓

當貓咪呼嚕呼嚕地用牠的兩隻前肢在布巾或是飼主身上做著類似按摩的動作的時候，那真的是非常療癒的畫面。動物行為專家們解釋說那是尋乳反應，

是在模仿小時候喝奶的動作。剛開始我也是這麼認為，直到與阿冰生活久了，我發現到每次我罵過牠之後，牠都會去找柔軟的布巾、舒服的沙發墊，開始做出這樣的動作。

為什麼每次我罵完牠之後，這樣的一隻貓咪都會出現如專家所言的尋乳反應呢？這實在是有一點讓人無法理解。於是在某次又出現這動作之後，我便讓自己快速地融入牠的能量場中，去感受牠到底在做什麼，而那次的經驗讓我非常的訝異，原來那不是我們以為的尋乳反應。

在那個當下真的覺得我好像踩在雲端棉花似的、很舒服的材質上，真的能夠感受到用兩個前腳掌對著那布巾搓揉時的舒服、愉悅感。難怪每次出現按摩動作的時候，都會伴隨著呼嚕嚕的聲音，而那樣的舒服感，會讓你的情緒立馬轉好，難怪牠每次被我罵完之後都會出現這個動作，這是牠在自我調適情緒的方式之一啊！

不喜歡拍照的兔子

某一次跟一隻兔子溝通的時候，牠的主人想記錄牠在跟我溝通時的畫面，於是拿起手機想要從旁側拍。說也奇怪，當她手機拿起來要拍照的時候，因為我當下能量是融入在兔子的能量場中，我能跟兔子同步感受到有一種被獵人的來福槍瞄準的恐懼感，非常的真實。

當我還搞不清楚狀況的時候，突然間，我跟那隻兔子同時跳了起來，心跳漏了一拍，因為我以為自己被槍打中了，並立馬轉頭看向我朋友，我朋友說：「怎麼了嗎？」

我 ：「妳剛做了什麼動作？」

她說：「只是按下快門拍照而已啊！」

我說：「妳知道當妳按下快門的那一剎那，我跟妳的兔子都感覺好像被槍打到了！」

我真的感受到好像子彈射出來、離死亡很近的恐懼感。

她說：「難怪我的兔子都不喜歡我拿著手機對牠拍照，原來這會帶給牠被人拿著槍瞄準的感覺。」我說，是啊，我想那些不喜歡拍照的動物們，應該也是同樣的感受吧？

能看到人類氣場顏色的聾貓

有一隻貓咪天生耳聾聽不到聲音，在溝通過程中因為我們是心念溝通，所以不受聲音的限制。只是飼主很好奇，獸醫判斷牠聽不到聲音，但是當我們叫牠的時候，為何牠都會知道我們在叫牠呢？

這時，貓咪傳來一個影像並跟我說明：「我的爸爸媽媽在叫我的時候，他們身上會出現好多好多我的臉，當他們身上印著好多好多我的臉，我就知道他們在叫我了！」這是牠辨認自己是否被呼喚了的一種方式。因為那隻貓咪聽不到，所以視覺感官比其他的貓咪來得更加的敏銳。

接著，貓咪帶著我看了很多不同氣場的顏色，牠說，當牠的爸爸在工作想事情的時候，就會有很多綠色圍繞在他身邊；當爸爸心情不好壓力很大的時候，那些綠綠的上面就會出現黑黑的顏色，就會整個是髒髒的；而媽媽身上都會有一層鵝黃的色澤，讓人覺得很舒服溫柔，所以牠平常最喜歡靠近的人就是媽媽，因為媽媽身上會散發出很柔和色澤的光。

這是我第一次用貓咪的角度看人的氣場，也明白我們的氣場顏色會跟著情緒變化。也因為這個學習，我在課堂上延伸運用此氣場變化的特徵，教導學員們如何刻意地改變氣場顏色、搭配不同的象徵圖形來協助動物溝通的進行。

動物們的前世今生

很早以前，我就知道，動物們好像略微知道自己過去跟周邊生命的關係。那時候是從我的貓咪阿冰身上聽聞的，沒有從其他動物身上驗證過，所以那時候半信半疑，以為只有阿冰知道，其他動物可能不是很清楚。

直到某一次出版社邀請我替描寫動物前世今生的書寫推薦文的時候，那段時間，突然間出現了非常多隻動物開始跟我說牠們的過去生活，才發現到，原來動物們都記得過去的生活軌跡。在那段日子，常常有一個禪寺的尼姑們找我溝通她們飼養的小鳥、貓咪以及狗兒們。她們最喜歡問的就是：「請問我和這些毛小孩的前世因緣是什麼？」說也奇怪，這些動物們也都能說出一些故事來。那些故事經過推敲之後會發現到，完全能夠符合與現在飼主相處的一些互動的特點與特色。

前世的記憶影響著行為

記得曾有一隻馬來西亞的狗狗，牠一直都有漏尿的問題，醫生看都看不好。在一次的溝通中，牠讓我看到牠曾經是一隻牛，被一隻羊撞到膀胱受傷死亡，然後那隻牛的主人就是現在狗狗的主人。看到這個前世之後，我把這個前世的故事說出來，並帶著狗狗去想像重新改寫這過去的生命經驗，之後聽說狗狗的漏尿狀況好了八成。但是這種狀態不多，願意主動說出前世記憶的動物不多。在溝通的經驗中發現如果現在的問題跟過去某些生活記憶有關，那牠就會講出來。

包括有一次某學員的貓咪，好幾次出外遊蕩後，都會因為與別的貓咪打架，造成腹部側邊位置受傷回來，且一次比一次嚴重。於是她帶牠來溝通，結

果貓咪讓我看見牠曾經是一隻獅子，在一個像非洲草原的地方被一個土著用矛刺到腹部側邊位置，傷重過世，而那個土著就是現在的飼主學員。講出這個故事之後，我們協助牠將過去的記憶放下，之後學員回饋說貓咪的腹部側邊位置自此就沒有再受傷了。所以動物們在某一些特殊因緣且時機成熟之下，有時候是會主動講出曾經歷過的其他空間生活，以解決牠們現在生活上棘手的問題。

　　我也曾經問過阿冰，是不是每一隻動物都能夠記得過去世？阿冰說，大部分的動物都是記得的，要不要說出來是動物自己的選擇，而且大部分的動物都是認得飼主的。那些我們以為是我們選擇牠並因而飼養牠，其實，也許是反過來，我們是被牠找到，因而被吸引，選擇了帶牠們回家共同生活也不一定，你說，是不是？

Chapter

5

當同伴動物離世

毛天使們的世界

毛天使們的世界

同伴動物離世，是每位飼主與家人都會要面對的。
除了各種情緒的調整，也很多人想知道已經去當天
使的毛孩們，是否一切安好？

　　試著閉上眼睛，放鬆全身，以吸氣 7 秒鐘，憋住氣 4 秒鐘，吐氣 8 秒鐘的
速度，進行 3 次的深吸深吐、鼻吸鼻吐。感受你的皮膚與周邊空氣的接觸面，
你的身體與位置的接觸面，那些體感及溫度，將注意力透過感受身體的周遭，
慢慢地在心中畫出自己的身形，找出身體的外在界線。然後試著想像有個巨大
的橡皮擦，慢慢地開始將你的身體外線邊緣擦去，慢慢地，仔細地擦去你跟周
遭環境之間的那一條線。

　　深深地吸氣，感受自己可以無阻礙的擴張，可以任由思緒帶著你前往世界
各地，甚至是飄往外太空。在這當下，你成為了無所不是。在這當下，你正包
含著所有世界上的能量意識，你從一滴水的狀態，回到了意識的海洋，你回到
了海的狀態。

　　這意識海之中也同時包含著你的同伴動物的意識場。當祂離開肉身體時，
大概就是這樣的感覺，一種無邊際，更為自由自在的狀態。原本有的身體感

受，那種受限的、有病苦的，全都消失了……。

離世動物都去哪了？

　　一直到現在，我還是很感謝阿冰曾帶著我參與祂的離去。在那整個過程，我學到的遠遠大於書上閱讀到的或是個案溝通時感受到的，祂是在醫院過世的，最後在無侵入式的急救狀態之下離去。一直以來，阿冰一直在準備著祂的離去，我也一直不斷地讓祂明白那會是一個很棒的過程，屆時在那轉換期，祂可以憑自由意志去到下一個想經歷的生命旅程，如果祂還想再來一次。我自己其實一直不知道祂何時會離去，雖然過去的溝通個案有時會出現一、兩次是自己預言著離去時間的，但阿冰從未跟我說過。

　　阿冰離開，火化後的隔一天，家人便開始忍不住想知道祂去了哪，是否一切安好。我試著平靜情緒，調整思緒，對齊祂的頻率，但祂的較高自我立即阻止了我。祂們請我等等，別太急躁，並表示剛離世的動物還處在一個適應新狀態的過程，請我等 3 天後再連結祂。我好奇地追問：「可以告訴我多一些祂所在的地方是什麼樣的地方嗎？」

讓毛天使安心前進

　　阿冰的較高自我告訴我：「我們很難跟妳描述那是一個什麼樣的地方，祂的靈魂從肉身脫離之後，正處在一個非常模糊的地方，祂正在適應新的、沒有肉身體的狀態。妳也知道祂的性格，請先放心交給更大的力量。這個時候連結祂，祂會抓住妳不放的，會阻礙祂前進的路。」

　　聽完祂的較高自我這樣回答後，我心裡想起祂生前那固執但是又會拉著我不放的小小身影。的確，阿冰的性格是當祂面對一個陌生的環境，看到熟悉的

人，祂是會抓著不放的，所以我也聽從祂較高自我的建議，先暫時放下了追尋祂身影這樣的渴求與希望。

只是我不了解的是，當初火化、灑葬之後，祂在旁邊傳了一句話：「妳把我灑到那麼遠的地方，我回不了家了怎麼辦？」然後在我們回到家的當下，祂又從我們後面屁顛屁顛地跟進來。那些我看到的身影，讓我不禁思考：如果按照祂的較高自我所說的，現在的祂正在進行一個能量場的轉換，正在適應一個祂從來沒經歷過的，或者應該是說，祂早已遺忘的一個能量場的狀態的話，那我又何從可以看到在灑葬時祂的身影，以及回到家時祂跟著返家的身影呢？在這部分其實我是有疑惑的。

還感受得到毛孩，很正常

在牠離世的第三天或第四天吧，我和家人們同時能感受到祂睡在我們身邊那個毛茸茸的身影，那樣的感受是非常清晰，而且全家都感覺到的，那又讓我更感到疑惑不解了。

面對這樣的疑惑，我詢問了阿冰的較高自我，得到的回答是：「祂的肉身體已無法再承載祂的靈魂，而已從肉身脫離的靈魂正在試著回歸到更大的靈魂之中。也就是，生前真正存在於祂肉身的靈魂其實只是祂整體靈魂的一小部分。在這聚合的過程中，會有些小小部分的，之前習慣物質世界生活的祂，會持續地在妳的感受中，重現祂過去還在世時的習慣性的動作行為以及舉止，這是非常正常的，我們稱祂為一個情緒的殘影，抑或者是靈魂的殘影，那這也是你們一般人所經歷看到靈魂的那個感受，也就是偶爾在家看到過世的先人回來，或者是過世的同伴動物出現在家裡某個同樣的角落躺著、活動著，這些都是所謂的情緒殘影，最終祂們都會被收回到更大的靈魂，跟更大的靈魂統整在

一起，並進入到下一個旅程。」

　　每個靈魂都有其想要經驗的歷程，有著相同「想法」的靈魂會相聚然後共同創造並演出祂們的劇本，不論是人還是動物。曾經，我也很執著於特定的靈魂旅程，總覺得所有的靈魂過世時都是走著相同的路去到相同的地方，直到一隻隻毛天使來到我面前訴說了祂們的故事，展演出了一齣齣謝幕大劇，我才自此臣服於靈魂的宏偉及無限多變。

故事一：等著人類爸爸的貓咪

　　透過電話，我協助一隻貓兒傳遞牠的遺言，牠一直在等，在等著牠的人類爸爸回來看牠最後一眼。但是牠的人類爸爸遠在千里出差，無法趕回來。牠就這樣等著等著……。在電話中，我協助安撫貓兒，同時也傳遞了人類爸爸無法及時返家的原因。那是隻很有靈性的貓兒，不像一般貓兒那般的會爭風吃醋，常幫著擔任中途之家的人類媽媽照顧一隻隻的貓兒。對於這樣的貓兒就要離去，飼主的難過不言可喻。

　　經過一番說明之後，飼主決定請她的先生直接以視訊的方式打電話回來跟貓兒道別，貓兒也接受了這方法。就在牠答應的同時，我的內在視覺開始看到一隻隻狗兒及貓兒聚集在這隻貓咪的旁邊，也看到了像是天使的存在體一個個的出現，圍繞著貓兒。

　　我將看到的景象描述給飼主聽，她一一認出了這些圍繞在即將離去的貓兒旁的動物們，那是之前與這貓兒同住的「家人」。我們心領神會，是祂們來接牠了。掛掉電話沒多久，飼主便傳來訊息告知在先生透過視訊與貓咪道別後，原本一直硬撐在那的貓兒就安心的閉上眼睛離開了。我們都知道貓兒不是單獨上路，牠是在愛中與天使及同伴們離去了，這讓人放心很多很多。

故事二：找不到耶穌的黑貓

那是一個下午，一個年輕的女生來尋求溝通，她想詢問她那隻安樂死的貓咪是否一切安好？其實當那女孩子進來時，才剛坐定位，那隻黑貓就已經在我面前了。

即使是死亡個案，正式溝通前我們還是必需進行身分確認，所以女孩問了我貓咪最後的死亡過程，我將看到的影像一一的敘述給女孩聽，我看到貓咪躺在一個穿著像是醫生制服的人的懷中，耳邊聽著像是聖歌一樣的音樂，然後閉上眼睛離開的。女孩聽了之後馬上做了肯定，並解釋貓咪是在醫院過世的。在過世的時候她刻意放了聖歌，希望貓咪跟著主耶穌的腳步離開。

這時候在一旁的貓兒，忍不住說了一句話：「她叫我找的耶穌，到現在我都還沒找到，怎麼辦？」

於是我告訴女孩我看到的事情，和我聽到的話。女孩愣在現場，於是我問了女孩：「請問妳的信仰是什麼？」

她說她的信仰是佛教，這讓我覺得不解，我說：「如果妳是佛教徒，那妳怎麼會希望貓咪去找耶穌呢？」

女孩說明：「因為在耶穌的世界裡面沒有輪迴這件事情，我不希望牠再當貓了。」

這時候貓在旁邊又忍不住插嘴：「可是我到現在都不知道耶穌是誰，我也找不到牠呀？」

女孩說：「我都已經放了聖歌給牠了，牠怎麼沒有看到耶穌呢？」

我忍不住問了女孩：「那請問妳曾經接受過受洗成為基督徒或者天主教徒嗎？或是有常常上教堂之類的嗎？」

她說沒有。

我說：「妳自己本身都不是耶穌的門徒了，也不常去教堂走動。妳的貓不清楚耶穌是誰，是很正常的。 在這樣的狀況之下，妳讓祂在過世之後突然去找這麼一個存有，祂怎麼找得到呢？而且不是放聖歌，耶穌就會到場啊！」

女孩感到非常惆悵，她就問我說：「那怎麼辦？」

那隻貓也同時問著我：「怎麼辦？我到底該去哪找耶穌？」

說真的，對於這個問題，我也不知道該怎麼辦？我只知道靈魂最後會回歸到大集合體，但是要回到大集合體之前，得要先放下執著。

我試著將我所知道的講解給女孩聽，因為唯有執著放下了，這個靈魂才能得到自由，才能順順地往下一個目的前進。如果我們硬是要求祂去到我們所要求祂去的地方，有時候的確是會卡住不動的。女孩聽完之後有點失望，她說：「我真的不希望，祂再次輪迴。」

我回答：「這不是我們所能夠決定的，等到妳準備好的時候，如果妳希望祂去找耶穌，也許妳試著去教堂吧。也許聖母媽媽或是耶穌，祂們會有些辦法，但是此時此刻我也沒辦法幫上忙。 只是如果差不多時間了，我也建議妳放手，因為唯有如此你們彼此才能夠真正的自由。」女孩聽完之後，帶著貓咪的照片，悻悻然地離開了。

故事三：靈骨塔中的黃金獵犬

那是隻黃金獵犬，有著非常俊俏的面容，長得非常好看。祂的媽媽帶著祂的照片來找我，她想知道已經過世一段時間的祂，現在狀況如何？一連上這隻狗狗，我就看到一個黑暗的空間，小小的，旁邊什麼都沒有，但是可以聽到很多動物的聲音。我開始有些懷疑祂是不是在靈骨塔，那樣的空間很像是我之前

曾感受過的。

在黑暗中我問了這隻狗狗：「祢在哪裡？是否一切都好？」

祂說祂不知道，祂不知道自己在哪裡，祂只知道祂聽得到很多很多狗狗貓咪的聲音，但是祂什麼都看不到。於是我轉而向女子確認牠最後落腳處是否是在靈骨塔中？女子給了我一個肯定的回答。

照例，我一樣要進行身分確認，我就跟狗狗說：「可不可以給我一些證明，證明祢是我們要溝通的那隻狗狗？」祂讓我看了一個電腦螢幕，上面有五色旗在空中飛揚的畫面。牠說那是媽媽的電腦，媽媽一直夢想去一趟西藏。我問了那位女子，是否她的電腦螢幕上有著風馬旗的畫面，那女子點頭說對，她說那是她夢想的西藏，她一直很想去，所以把它當做電腦桌面。

接著狗狗又讓我看到，家裡有一尊佛像，樣貌非常熟悉，是我知道的綠度母。所以我問了女子，家裡是否有供奉這樣的佛像？女子說有，是他們家的綠度母。接著狗狗又讓我看到他們常去的地方，我聽到喇嘛念經的聲音，看到很像是道場的景色，狗狗甚至給了我一句話：「我媽媽是寧瑪派的，我們常常到道場聽經，參加法會。」

女子頗為驚訝地說：「對，這真的是祂，我常常帶祂去參加法會，我以為祂都不知道我們去哪裡做什麼？祂怎麼知道我是寧瑪派的？」

狗狗笑了。

確定連上狗狗之後，女子問：「祂現在一切都好嗎？我們幫祂做的法會、念的經，祂有收到嗎？」

狗狗說：「我不知道妳有沒有幫我做法會，我只知道剛開始我聽到很多像道場唸經的聲音，我有看到光，但是我不知道那是什麼，我會害怕，所以我沒有辦法靠近。」

　　祂的人類媽媽說：「所以……祢都沒有收到我給祢的東西嗎？我幫祢做了很多場法會啊！」

　　狗狗說：「我有看到妳給我很多罐頭，但是妳沒有打開，我根本吃不到，而且我看不到妳，我只聽得到妳的聲音、周邊的聲音。那些罐頭我雖然看得到樣子，可是我根本吃不到，我唯一能聞到就是香的味道。」

　　女子非常的訝異，怎麼會是這個狀態？

　　這狗狗讓我印象非常非常的深刻，因為我自己本身也是藏傳佛教徒，祂的描述其實與西藏生死書中所描述的中陰身世界很像，間接地證明了那本書中講述的內容。

故事四：快樂的狗狗 HAPPY

　　那是一位在台灣教外文的老師，有著非常美國人性格。她找我想看看她的狗狗是否一切安好。狗狗非常有趣，因為這女子才一剛剛坐下來，狗狗就出現了，活蹦亂跳地繞著這位女老師走來走去，我把看到的樣子告訴了女老師，描述了狗狗的樣子、性格，女老師很開心，因為那真的就是她的狗狗。

　　我說祂是一隻很快樂的狗狗，女老師說道：「對，所以我叫祂 HAPPY。祂是我領養來的狗狗，我希望祂就像祂的名字一樣永遠快快樂樂的。」

　　我：「基本上，祂現在大部分的時間都是在妳旁邊跟前跟後，祂問妳說，妳有沒有感覺到祂？」

　　女老師：「我沒有辦法看到或明顯地感覺到祂，但是我一直覺得祂好像沒有離開過，有時會聞到很像祂的味道。如果 HAPPY 一直都在我旁邊的話，那真是太好了，我希望祂永遠就像祂生前一樣的快樂，時時刻刻都圍繞在我身邊的話，也都沒有問題的，那就是祂生前的行為。聽到祂這樣的開心，沒有生前病

痛，我非常的滿足，這是我想要的。」

故事五：僵固不動的柴犬

　　一個年輕的女子和她的媽媽一起來找我，她們想知道自己的柴犬狗狗是否一切都好，但是因為柴犬已經過世3年了，她們也不確定是否能溝通得到牠，於是我試著去溝通看看。

　　一閉眼我就看到了柴犬小小的身影被綁在像是電線桿又像是行道樹的畫面。狗狗一感受到我的能量靠近，立刻展現非常兇猛的態度對我吠叫著。我把我看到的影像，狗狗的性格，描述給主人聽，主人馬上說：「對，那就是牠，牠是一個對陌生人很不友善的狗狗，脾氣非常不好。」

　　她們很訝異都已經過了3年了，為什麼狗狗還是脾氣這麼的兇猛，還是這麼的不讓人親近，她們想知道狗狗現在如何？狗狗說：「我就在這裡，我哪裡都沒有去。我也不想去任何地方。為什麼我不能回家？」為什麼、為什麼，牠有好多的為什麼。講的東西，展現的性格，全部跟牠生前一模一樣，於是小主人就問我，有沒有什麼辦法可以協助她的狗狗離開現在的這個狀況？也就是希望狗狗能像其它生命一樣，順利跨到下一個階段。

　　我想了想，於是我給了個建議，那是來自於我自己的宗教信仰給的建議，我請她們回去取一張狗狗的照片，連續49天，24小時播放「聽即解脫咒」給狗狗聽，這個咒是蓮花生大士傳下的一個密咒，它的功能非常殊勝，小至蟲子大至人，聽了都能種下解脫的種子，脫離現在僵固的狀態。

　　我：「妳要不要試試看這個咒音，也許夠協助到狗狗，但是說真的，我不太確定，這是第一次我向人推薦這個咒音。」於是這個小女生接受了我的建議，她透過照片，口頭告知狗狗會播放這樣的咒音祝福牠，要牠好好聽著，然

後在狗狗的照片前播放了這個咒音連續49天不間斷。

咒音帶來的美好改變

49天之後，她們又來找我做了第二次的溝通，這一次的溝通讓我非常訝異，也因此讓我確信了這個咒音的神奇以及不可思議。

當我一連接上狗狗的時候，我非常的訝異，因為牠的性格不再像之前那麼的暴躁，那麼富有攻擊性，轉而代之的，變得非常沉穩，好像忽然間長大的孩子一樣。我們有了一些小小的對話，狗狗表達的重點都圍繞在希望牠的主人能夠放下牠，讓生活回歸到正常。牠說牠已經準備離開了，要前往下一個階段，臨走前，牠只希望告訴牠的主人，生命就只是一個過程，有生就有死，有聚就有散，希望牠的主人不要再難過、悲傷，也許以後時機成熟，彼此都還能夠再見面。

說真的，這49天前後，我彷彿溝通了2隻不同的狗狗，差距之大，讓我覺得非常訝異。主人聽到狗狗這樣的話，心安地說：「牠真的是一隻很乖的狗狗，牠有聽進去我告訴牠的話，如果這樣我們也放心了。請妳告訴牠，我們會好好往前進，也祝福牠能夠在下一個旅程一切安好。」

也因為這麼一個故事，這麼一個經歷，從此之後我陸陸續續在不同的溝通個案裡頭見證到了這個咒音對於動物的幫助，也因此開始時常在臨終的個案推薦大家播放這個咒音。

故事六：解開愧疚讓毛孩放心前進

飼主是一位年輕的小姐，她帶著一個黑白貓咪的照片來溝通。貓咪是以安樂死方式離開這個世界的。飼主對於當時做了這個決定感到非常的後悔，在安樂死的過程中，她因為某些理由沒有陪著貓咪度過最後一刻，她感到非常愧

疚。由於貓咪過世已經好幾年了，但是飼主的低落情緒及對貓咪的遺憾始終存在，所以我帶著飼主做了一個小小的冥想，協助她透過整個故事的重演，以一個她陪伴在旁，在準備安樂死之前，貓咪便自然地過世的情節重新置入整個過程，讓她彌補這個遺憾。

在溝通這隻貓咪的時候，祂帶我看了一些非常有趣的影像。剛開始我看到貓咪蹲在一個古代的城牆之外，我忍不住問祂：「這是哪裡？祢怎麼自己一個在這？」

貓咪說：「我不是自己一個，妳看後面。」

我順著祂的話往後看去，那是一群動物們，一隻一隻的，全部徘徊在這古城之外，我說：「這是哪裡？為什麼祢們都在這裡？」

貓咪說，祂也不太確定。只知道祂離開肉身後不久就來到這裡了。

我觀察地形，這是一片古城的圍牆，旁邊有一個很大的門，上面寫著大大的3個字：枉死城。我愣了一下，我想著，這枉死城不是道教的詞嗎？好像在台灣信仰中常常會聽到的，那是人死後，投胎前會去住的地方。

於是我告訴飼主我看到的景象，但是我也誠實告訴她，我不曉得為什麼貓貓會在這個地方。飼主會心一笑，說：「那應該是我媽媽，我媽媽的工作是道教靈媒，她能夠超渡死者，她有幫我的貓咪做超渡，但是為什麼祂會在枉死城之外呢？」我問了貓咪，貓咪說：「我不知道啊，祂們說，動物不能進去，所以我們就全部在外面等著。」

故事冥想解開飼主心結

我把貓咪的回答告訴飼主，飼主更加地難過，她告訴了我她心裡的遺憾，以及她很想為貓咪做些什麼。我說：「不然我們來做一次故事重演好了，因為現在貓咪是沒有肉身體的狀態，所以當我們以故事重演，跨過時間空間的限

制，其實這樣的一個改變是會直接影響到靈魂體狀態（或者更該說，情緒殘影）的祂。」飼主同意了，她說她願意試試。

於是我帶著飼主閉上眼睛，帶著她回到當時安樂死的場景，帶著她把該說的話說完，那些心中對貓咪的遺憾，對貓咪的抱歉，對貓咪的愛，透過「對不起，請原諒我，謝謝你，我愛你」這 4 道程序把該說的說完，同時想像著她陪著貓咪以不是安樂死的狀態，一起走完這最後一程，一切都在想像中。

這樣一個故事性的冥想（我們可以稱它為故事重寫）對於當下這隻貓咪的幫助卻是非常巨大的，因為當飼主完成了這樣一個重新的故事改寫之後，我重新再次與貓咪連結時，我發現到貓咪的身形變了，祂從成貓變成回到了幼貓的狀態。我看到一位穿著牛仔褲的年輕男子（我看不到祂的上半身），撈起了這隻小貓咪，跟著一群人排著隊往一個光亮的點走去。

這是一個很有趣的畫面。我想，貓咪應該放下了執著，所以得到了一位有緣人的協助，得以前往下一個旅程。我把這樣的景象轉達給飼主，飼主笑了。她說：「這樣就好。只要祂不要一直蹲在那裡，沒有人照顧，這樣就好。這樣我放心了。」

故事七：暴躁的瑪爾濟斯

那是一對很年輕的姊妹，她們想知道過世的狗狗狀況如何。只是，她們直接帶著狗狗的骨灰過來了，其實做離世溝通不需要骨灰，因為一切都是意念溝通，所以我請她們將骨灰收起來，改以照片溝通。透過照片，我連結到這隻氣急敗壞的瑪爾濟斯，我問：「祢在生氣什麼？」狗狗給我看家裡另外一隻狗狗的樣子，祂說：「為什麼牠要用我的碗吃飯？為什麼牠要用我的東西？」

兩姊妹愣了一下，姊姊轉頭直接對著妹妹責備了起來：「我不是叫妳把祂

的東西收起來了嗎？你怎麼還讓牠（新狗狗）用牠的碗？」

妹妹委屈地說：「因為爸爸說還可以用的東西就可以繼續用啊，我怎麼知道牠會這麼生氣。」

姊姊接著問我：「老師，那是不是因為我們把牠的碗給新的狗狗用，所以牠生氣了才會去欺負我們家新來的狗狗呢？這隻狗狗自從來我們家，每天都躲在桌椅下，尾巴都是夾著的。」

我問了小瑪爾濟斯：「祢有欺負新來的狗狗嗎？」

小瑪爾說：「我沒有欺負牠，我只是不開心地用了我的東西，稍微跟牠『講』了一下。牠不能用自己的碗嗎？而且牠為什麼不睡自己的床。」

我告訴兩姊妹，有時候面對一些地盤性較強的動物，即使牠們過世了，還是會保留一些生前的習氣，所以我們通常建議飼主，不要保留毛小孩生前使用的東西，或者轉給其它毛小孩使用，因為類似的事件層出不窮，當牠們還沒放下執著，還帶著生前習性時，這些使用牠們物件的動物們，很多時候是會受到一些能量層上的驚擾，所以我們通常不建議留下這些東西。

灑葬骨灰，讓毛孩不被綁住

這兩姊妹理解了之後，答應了狗狗會將這些東西收走，於是她們又再問：「為什麼我的狗狗現在留在這個地方，都沒有離開呢？」

狗狗看了看我，我看了看狗狗，我們同時將眼光轉向牠的骨灰。

我忍不住問了：「請問你們有在點香給骨灰，或者給骨灰拜拜，或者供一些供品給骨灰嗎？」

兩姊妹一起點頭，說：「有啊，我們都有點香，還有拜罐頭給牠，牠有吃到嗎？」

狗狗搖頭，說：「我吃不到罐頭的，但是我能夠吃到香。」

我說：「因為這樣的一個祭拜的動作，所以狗狗不會離開的。如果你們希望狗狗離開，我會建議做一下灑葬的動作。骨灰不要放在家裡，也不要祭拜牠。其實動物過世了之後，牠們不會在乎骨灰，牠們比人類更明白，身體已經不能用了，唯有放下執著，牠們才能夠往前進，而不會被這份愛給綁住。」

故事八：因牽掛而無法前進的黃金獵犬

那是一對兄妹。溝通是妹妹執意要進行的，因為哥哥放不下已經離世的狗狗，所以特意約了離世溝通，希望透過溝通讓哥哥放下對狗狗的牽掛。

其實當他們兩兄妹一進來時，我就看到一隻黃金獵犬跟在後面，那隻黃金獵犬刻意跑來我身後，並且一直提醒我：「老師，我知道他們要來跟我溝通，但是我跟妳說，妳怎麼樣都要說妳看不到我。」我不懂為什麼。兩兄妹拿出照片，我一看，還真是一隻黃金獵犬。這時候妹妹就說了，狗狗是因為去外面玩球，不小心吃到有毒的東西而過世的，哥哥對於這件事情很愧疚，一直覺得自己沒有照顧好牠，甚至想好，以後自己過世要跟狗狗埋在一起，所以狗狗的骨灰到現在都還在家裡放著。

這時候狗狗在我後面就說了：「看吧，他就是這樣，連死後都要跟我在一起。我才不要告訴他我在這裡，他一直黏著我不放。」我聽了狗狗這樣說，我想說怎麼辦呢？因為我還是得進行身分確認，我得讓他們知道我能連上這隻狗狗我才能做後續的溝通，雖然狗狗早就在我身後講了一堆話。

我看到他們還有一隻臘腸犬，在家裡到處蹓躂，我就把我看到的狗狗告訴了這個哥哥，哥哥嚇到了，說：「這隻臘腸犬是我跟女朋友後來一起養的，所以牠也知道家裡後來多了一隻狗狗囉？」

我就感覺這隻黃金在我身後翻了好幾個白眼，說：「那隻狗皮死了，我超

討厭牠。」

　　我告訴這隻黃金：「祢這樣躲下去不是辦法，我們得要把祢的心情告訴祢爸爸，畢竟他很想念祢，祢不要這樣折磨他。」狗狗說：「好吧，妳說吧。」

　　於是我把看到狗狗的情況，還有狗狗跟我說的話，一五一十地告訴了這位狗爸爸。他一聽完，安靜了幾秒，眼眶紅了。

比起執著給予祝福更好

　　我說：「其實狗狗只是希望你能夠放下牠，希望你不要再為了牠操心難過。你的難過綁住了牠，讓牠沒有辦法前進，所以你們今天來溝通，牠才會躲在我後面，甚至要我不要告訴你，牠來了。其實牠非常非常的愛你，因為太愛你了，所以牠得讓你放下。因為唯有你們都自由了，你們的生命才有更大的開展。更何況家裡還有一隻這麼可愛的臘腸犬，牠也需要你們的愛。」

　　狗狗一邊聽，一直在旁邊點頭，說：「對，老師妳告訴他，叫他不要跟我葬在一起，這樣子很奇怪，我還要等他。」

　　狗狗後面這句話我沒有說出來，因為這聽起來讓人滿傷心的。不過從這故事我們可以知道，有時候我們的執著不見得是一種愛的表現。反而會成為同伴動物們往前進的一個阻力，適時的放下，給予祝福，反而會是最好的。

故事九：跟著媽祖修行的兔子

　　在我剛開始執業的初期，曾有一個年輕的女孩子帶著兔子照片來找我，想知道她的寶貝兔子過世後去哪裡了？這隻兔子讓我印象極為深刻，因為當我一連接上這兔子，牠看起來精神奕奕，非常機伶，沒有什麼悲傷的情緒，甚至有種奇異的責任感。為了確認我是否連上了兔子，我問了兔子幾個問題。

　　這兔子非常可愛，牠讓我看了一團白白的東西，牠說：「我媽媽以前會拿這個給我吃，這是我吃過最奇怪的東西。」我把我看到的東西描述給這位小姐，她不好意思地笑了，她說：「這是棉花糖，以前年輕不懂事，不知道怎麼養兔子，所以有餵牠吃過奇怪的東西。」兔子笑著說：「我只覺得這口感很好笑，很有趣。」

　　接著這位小姐就說：「看來是我的兔子沒錯，一般人也不會餵兔子吃棉花糖的。我想知道我燒給牠的東西牠有沒有收到？」我愣了一下，想說燒了什麼東西呢？這時候在一旁的兔子，立刻轉了個圈，穿起洋娃娃的服裝，在我面前跳起舞來。

　　我覺得很奇怪，我把我看到的畫面告訴這位小姐，我說：「我不曉得妳燒了什麼給兔子，但是牠穿了一套洋娃娃的衣服在我面前跳來跳去轉圈圈。」小姐笑了，說：「沒錯沒錯，那牠收到了，我燒了一套洋娃娃的衣服給牠。」我瞪大眼說：「妳為什麼燒了這樣一套衣服給牠，牠不是男生嗎？」

　　她說：「對呀，牠是男生。但是因為朋友說牠現在在媽祖娘娘的身邊修行，需要一套衣服，所以我燒了這麼一套衣服給牠。」

　　我愣了一下，看了看這個兔子，問牠：「你現在跟著媽祖媽媽在修行嗎？」

　　兔子笑了，說：「對啊，我都在旁邊學。今天還是特別請假來溝通的。」

　　我說：「哇，還有這種事！」

　　兔子：「對啊對啊。我們那邊除了我還有狗狗，還有其它動物們。」

　　這讓我太驚訝了，我忍不住問了這位小姐：「是哪一間廟啊？怎麼這麼好，還可以收兔子修行？」

　　小姐回覆：「台南的XX媽祖廟。」

　　我又看了一下這個兔子，我說：「祢有什麼要告訴祢媽媽的嗎？」

兔子說：「其實也還好，沒什麼太多事。我只是要跟她講，我很忙，沒辦法常常回來看她，但是我只要放假我就會回來，請她放心，我在那邊非常好，學了非常多事情，如果她想要養新的兔子是沒問題的，我會保佑這新兔子。」

說真的這個兔子講的話有點超過我的想像，但是我還是照實把我收到的訊息告訴這位小姐。

小姐聽了點頭一直笑，說：「沒錯沒錯，這跟我另外一個朋友講的話是差不多的，我的朋友是媽祖娘娘代言人，她講的跟老師講的是一樣的。」

多年後，這位小姐又帶了另一隻新的兔子來找我溝通。在身分確認時，這小兔子忽然迸出一句話：「我也想吃棉花糖，之前那隻兔子都有吃。」這真的讓人太驚訝了，看來之前的修行兔兔還真的有回來照顧這新來的成員啊！

對同伴動物來說，死亡很自然

透過以上的故事，大家可以發現其實靈魂離開身體後所走的路其實都不太一樣，並不是都統一走上彩虹橋，前往動物的王國，而我總是可以從牠們的故事中去推敲飼主的主要信仰。毛天使們大都會先跟著我們的主要信仰走上一段，最後才會回歸到更大的靈魂集合體中。那沒有信仰的呢？我發現只要毛天使們沒有被其他的情緒勾住，例如：飼主的悲傷、彼此之間的承諾、遺憾等等，牠們大都可以直接順順的回歸到大靈魂集合體中。

牠們不會對自己的身體有著牽掛，大都能夠明白死亡是一件很自然的事，更不會執著於死亡後身體要被如何處理，即使生前可能有細細的告知死後該如何處理牠的身體。這也帶出了所謂的信念創造實像，我們所相信，所想要經驗的，會帶領我們在精神世界創造，然後在現實生活顯現。

補充：以上的故事是早期未經歷阿冰過世的死亡教育時所做的溝通，大都

是直接溝通動物的星光殘影。目前不再做這樣的溝通，為了讓彼此有更大的自由，同時提高意識，現在都透過動物的較高自我來確認離世動物的狀況。

離世溝通的這些與那些

當身體已無法乘載靈魂的重量時，靈魂便會開始透過身體的出口，移動到意識的海洋之中。當同伴動物們因為各種因素導致靈魂從身體分離，大都會先處於驚嚇狀態，無法理解到底身體發生了什麼事情，這大都會持續個3~7天左右，端看其死亡的情境。

若是因為忽然的意外過世的，這中間的疑惑驚嚇期就會長一些。這段時間我們是被禁止進行任何心念溝通的。若急於此時溝通，往往就會造成毛天使們延長其前往下一個階段的時間，甚至滯留，不願前進。我們建議若真的有需要進行溝通，請在7天之後再進行。若非必要，還是建議以祝福替代溝通。每次想到祂，就點顆蠟燭祝福祂，願燭光能領著祂不再迷惘，往下一階段前進。

現存的離世溝通方式

目前坊間的離世動物溝通主要分為兩大方向，很大部分包含「過往的我」，會是直接溝通動物的本體靈魂，但實際是情緒殘影或稱星光殘影。少部分則是直接與動物的較高自我溝通，透過祂們來傳遞訊息，這也是我經歷了阿冰的死亡歷程後所學習到的。過去，我曾經與阿冰的較高自我進一步地討論，當一般的溝通師，也就是所謂的動物靈媒，他們在和毛天使溝通的時候，他們真正溝通到的是情緒／星光殘影嗎？祂的較高自我回答：「的確是的。大部分的動物靈媒溝通到的就是這些情緒殘影，但是在這樣的溝通狀態之下，至少會產生2種影響，第一個比較好的影響是，它會藉此撫慰了毛小孩的家人、飼

主，讓他們能夠暫時感到一絲絲，彷彿毛孩還在世的感覺，也能協助他們度過在失去毛小孩這段時間的痛苦以及悲傷，但是這樣的溝通如果不斷反覆進行的話，那這些片段、這些情緒殘影，就無法被收回到更大的靈魂群體中，其實這對於動物本體，這對祂經歷下一世的生命旅程是會有影響的，所以不建議太多的離世溝通，其中一個原因來自於這裡。

但是當飼主，或者我們說毛小孩的家人，因為毛小孩離去，而產生了生活上非常大的不適應，在精神部分產生了過大衝擊以致無法回歸正常生活時，那這樣的溝通的確是會產生一定的撫慰性。也有些人會用儀式來安撫自我，比如說人世間所謂的超渡、祝福、法會這類的儀式，有時候在於協助人們，協助在世者，度過這段悲傷期有著很大的作用。

第二個影響，也就是剛剛稍微提到的，這些情緒片段不斷地被勾回，不斷地被召喚回來重播，不斷被「溝通」，除了會造成毛天使無法回到靈魂的大集合之外，同時也會吸引來一些飄蕩在世間，沒有回到靈魂大集合體的其他的存有，假扮毛小孩的存在，來獲取祂們所需，例如：香火、意念上的祝福、更多種種祂們生前遺憾的需求。那這些就不是我們所樂於看到的狀態。」

連結高我傳遞訊息比較好

這個時候就會帶出另外一個問題：「所以當我們跟這樣一個情緒殘影溝通的時候，我們的心念是否能夠真真切切傳遞到這個所關心的毛天使呢？」

讓我們以2個視角來分別闡述：

從毛天使飼主的視角來說，這些溝通的訊息是會被傳遞出去直達他們人生劇本中的這位毛天使，並產生一定的作用。飼主會因為情緒得以被傳遞而放下，不再拉扯著這個已經前進，前往下一個旅程的毛小孩，而這毛小孩也能夠

不帶著任何被往後扯的拉力，順利地回到那個大集合體。

　　還是要再說一次，如果這樣的溝通，不斷地被進行，不斷反覆的話，從飼主看出去的世界，對這毛天使而言會是受損的。祂會因此停滯在一個時空點，同時黏著飼主本人也跟著無法前進。但若從整體大靈魂集合體的視角來說，那麼這樣的溝通其實沒有太大的意義，就好似身體中一個小小細胞與其他身體的細胞互動罷了。

　　也是因為這緣故，我從阿冰的死亡歷程理解了真正可以帶來有助益的溝通訊息應該是從祂的較高自我。毛小孩的較高自我陪祂經過了各式的生命歷程，擁有較高角度的全像視野，可以清楚知道祂在各個時間線（這部分不是我們平日所理解的線性時間，比較像是一個360度的狀態）的情境。也明白祂所選擇的各種生命劇本，清楚知道祂接下來要走的旅程。也因此，與其去詢問連結一個正在進行轉化聚合的靈魂片段，連結祂的較高自我是一個比較完善的選擇與方向，也比較不會不小心介入或干擾了整個靈魂的進程。

動物會記得你的思念與承諾

　　很多時候，人們除了因為思念而來尋求離世溝通之外，更多是為了平靜自我、消弭內在的各種內疚或是歉意。當毛小孩還在世，還擁有一個肉身體時，我們發現牠們就像人類一樣有著各種情緒及欲望。在追求快樂的面前，牠們與我們無異。

　　然而，當牠們脫離了肉身的限制，與更大的自己／靈魂整合後，這些有著限制性的快樂追求也悄悄地無形無蹤了。當然，我們這邊指的是那些已放下執著，沒有被飼主情緒或是約定綑綁的毛天使們。至於那些還停留在飼主身邊的毛天使們，不是不願意前進，而是都在等著飼主的意願來釋放牠們。毛小孩的

心很單純而直接，牠們會記得所有生前的承諾，即使是你隨口說說的約定，牠都會聽進心裡去，更會帶著去到死後的世界。這在很多次的離世溝通都有發生過，毛天使們因為飼主生前要求牠們得要幫忙看家、照顧家中的其他同伴們、甚至是捉捕老鼠、陪伴家中小孩一起長大等等，而執著地持續留在人世間盡著牠們的責任。

因為約定與不捨而滯留的毛孩

有些則是在臨走前，飼主一句：「你要來當我的小孩」或是要求牠們一定要跟某某神性存在一起修行或是去到牠們的世界而徘徊在飼主身邊，只因為牠們不知如何完成這個交代。

記得曾有一次前往台灣中部一座寵物靈骨塔進行一次溝通，在那邊我看見了許多看似早已蒙塵久久未有人來祭拜的毛天使骨灰罈，一隻隻的毛天使「坐」在那看著我，一臉羨慕地看著我的案主與心愛的毛天使溝通。溝通結束後，我忍不住問了問這一群資歷久遠的毛天使們怎麼到現在還在這邊，怎麼沒有往下一個階段前進呢？牠們幾乎異口同聲地說，我在等我的人類爸爸及媽媽，他們說會來看我們，要我們乖乖地在這邊跟菩薩修行。

除了這些因為約定而滯留的之外，還有更多是因為看見飼主的傷心、難過而無法放心離去。常常看見這樣的毛天使守在飼主的身邊，用著充滿愛意但又悲傷的表情看著飼主們，牠們試著像生前一樣的與飼主互動，但想當然爾，飼主是感受不到的。

還有一些滯留的毛小孩則是被飼主的罪咎感給束縛住了，尤其是被安樂死的毛小孩。許多飼主常常在其毛小孩接受安樂死之後，進入另一種自責，不斷地自問是不是如果沒有答應安樂死，也許牠們會健康地活下來？面對這些痛苦

自責的人類，牠們往往焦急又難過地試著在他們身邊解釋著一切，或跳或叫，或是不斷地搖著尾巴、用頭頂著他們。透過身體語言表示牠們一切都好，不再有病痛、已回到快樂健康的模樣。但同樣地，這些哀傷的人們是感受不到的。

這樣做，讓毛天使平靜離開

為了讓毛天使能平靜且安心地離去，我們有以下幾點臨終建議：

請以開放且祝福的心，平靜地，甚至是歡喜地，送牠們離開，並且口頭解除彼此間的所有約定。也許你已忘記是否曾與牠有過什麼約定，你可以直接在牠的耳邊說：「祢已完成所有對於我們的約定，也盡到所有的責任了。祢做得非常好，可以不用再做了。現在媽媽／爸爸給祢另一個任務，那就是請祢放心地去吧！去到祢下一個該去的地方。我們會照顧好自己，也會持續地在心中留一個位置給祢。請祢帶著我們給祢的愛，勇敢地往下一個旅程前進吧！」

請領著全家人，一一與毛小孩道別。如果有哪位成員無法到場，也請好好地跟毛小孩說明。透過這一步驟，我們將心中所有要說的話，全部盡情地傳達給心愛的牠。

對不起：請好好地回想牠與你共同生活的這一段生命旅程中，你有什麼事是需要跟牠道歉的，請好好說明，並跟牠說一聲對不起。

請原諒我：承上，請牠原諒那些你曾經讓牠不開心的事。同時，也想一想牠這一生調皮搗蛋、做錯事時，那些惹你生氣的時刻，跟牠描述那些事情，然後告訴牠，你原諒牠了，請牠不要放在心上。

謝謝你：牠這一生一定有做了很多讓你感到窩心或是貼心的事，回想起後跟牠分享，同時謝謝牠。

我愛你：好好地把你的愛說給牠聽，你們是牠這一生最在乎也最重要的家

人，你們的愛對祂意義非凡，可以領著祂走過恐懼，也給予祂最大的勇氣。

面對祂的離去，悲傷難過一定充滿著大家的胸口，眼淚會湧上，情緒會潰堤，但請你在眼淚流出時，避免讓它滴在祂身上。因為當祂們的靈魂在慢慢地離開肉身體時，感官會一個個地失效，每一個感官失效便同步放大了其他的感官覺受。曾有隻貓咪跟我描述，當人類媽媽的眼淚一滴滴地滴在祂身上時，祂除了承接到巨大的難過之外，更是感受到如火燒一般的痛楚。如果你的情緒真的難過到無法抑制，請試著暫時離開現場。

取一張照片（神、佛、菩薩、聖母瑪利亞、耶穌或宇宙都行，以你的信仰為主），在照片前點個蠟燭，將這放在祂的頭部位置上方，看著燭光，想像神聖的光自照片中的影像射出，從祂的頭往下籠罩全身，不僅療癒了所有病痛，更進一步帶領祂的靈魂自頭部脫離，這方式可協助祂前往更好的地方。如果不方便這麼做，或人不在祂身邊，可在腦海中以想像進行，但請專注。這步驟帶著強大的祝福及光能，也可以在毛小孩生病時進行，想像神聖的光自照片中的影像射出，從祂的頭往下籠罩全身，療癒了所有病痛，同時黑色如泥一般的負能量／病氣從祂的四肢流出，流入地下，由大地母親吸收淨化。

如果選擇火化，請待身體完全冷卻，沒有溫度了，再進行。盡量保持不去移動祂，至少8小時。在這段時間靈魂會進行脫離肉身的動作，如果可以請持續進行上段的步驟，同時以你的宗教儀式去祝福陪伴。無宗教信仰的朋友可以與家人圍聚在祂身旁，聊聊過往，以「嫁女兒」或是「送一位好朋友遠行」的心情陪伴祂解離。

曾有隻貓咪，在彌留前要求祂的人類媽媽幫祂開個慶祝會，歡送祂的離去。祂的人類媽媽也順著祂的意思，邀請了祂認識的人類朋友們，共同陪在祂身邊，切蛋糕、話家常，直到祂慢慢地閉上眼睛，帶著最後的歡樂氣息離去。

關於道別，有些特別的補充：這些年的溝通經驗下來，我發現有些原本需要透過安樂死提早結束生命的毛小孩們，經過好好地道別，把話說完之後，都會自行離去，不再持續硬撐著病痛，似乎就在等著把話說完。如果，你的毛小孩也面臨著安樂死的抉擇，試試把該說的話說完，讓情感好好地流動完，那麼平靜地離去也許會宛如最後的禮物一般來到。

學習面對牠的離開

在書寫這一篇的同時，陸續收到許多臨終案子的溝通預約，來自四面八方的小天使們彷彿希望透過我的文字發聲，傳達牠們的心聲，安慰捨不得放手讓牠們離去的飼主。

面對牠的可能離去，身為飼主的你，請盡可能地保持平靜，聽從醫囑，盡力地給予醫治的同時，也請做好放手的準備。生命的離去，是一個很神聖的過程，如果對於死亡有正面的認知及充分了解的話。許多飼主在這個階段感到不知所措，在這邊分享一些心態的調整方式。

生病狀態是靈魂脫離肉身以前會參與到的生命過程之一，請不要感到自責，生命的發展不是任何人可以造成或者控制的，所以一切的發生都是必然。

盡量放下情緒好好陪伴

在個案的經驗裡，太多的飼主因為擔心、自責、愧疚、遺憾等等情緒，而忽略了這個階段的重要性，甚至也讓同伴動物在應該專注養病或集中意識前往下一階段的時刻，分出心力來擔憂飼主家人們。我們要知道的是，身為飼主、身為家長，我們是孩子最大的支持力量泉源，而當我們沉溺在沒有照顧好同伴動物的自責或者陷入未來再也見不到毛孩子的擔憂恐懼中，帶給毛孩子的是強

烈的低氣壓，這對於牠們的新旅程是沒有幫助的。

因為這讓牠們容易感到沮喪、也會怪罪是否自己不夠好，所以讓家長心情不好了？或者其實已經不堪使用的身體，卻為了家長的執著而一再地拖著不願放下離開。你有多寶貝牠，牠就有多寶貝每一個仍與你同在的時光。試著將眼光放在當下吧！每個陽光灑落或是帶著雨聲的早晨，每個道盡愛與珍惜的夜晚，我們都還能看著彼此，這都是值得感恩祝福的，真心的感謝陪伴，取代擔憂與悲傷，能帶給你的同伴動物最後這段時光最美好的記憶以及無限的支持。

如果到了該說再見的時候，我們一起好好的道歉、道愛、道謝、道別，讓我們一起，圓滿此生的相遇。

安樂死的矛盾

曾經，我很無法接受安樂死，這一點我承認。總覺得生命應該自然地走到結尾才是圓滿，若是提早加工了死亡，那不等同謀殺或是自殺嗎？也許是因為聽了太多鄉野傳奇，總覺得這樣的死亡會延長停留在星光界的時間，而無法即時地進入另一個空間，或是回到源頭。但一切都還是限制性的想法做祟。

回到動物身上，曾經有位來我的課堂學習的獸醫，他和我分享了某次的居家安樂的個案。在他學會溝通之前，他從不曾想過在進行安樂死前詢問動物的意願，也不知如何問。他只能本能地拿起針筒，進行注射，然後看著一隻隻生命在他面前離去。一次又一次地，然後他的心便麻木了，即使心的深處記得每隻動物的名。現在他會溝通了，也透過溝通的學習重新讓心活了回來。 他在安樂前開始詢問動物的心意，同時傳遞給飼主們。他也盡他的專業去向動物們解釋什麼是安樂死，免得牠們以為被飼主放棄了、不要牠們了。在那次的居家個案，那是他第一次問到一隻狗狗竟主動表明要求安樂死，不是在主人的要求之

下，而是牠自己想要。這隻狗狗救贖了他的心，讓他明白原來同伴動物們也可以擁有自主生死權。

這個特別的個案讓我思考了許久，也同時讓我自死亡的限制之中走了出來。 我的內在較高自我不止一次地提醒我，把生命的權利交還到每人的手中，每個生命的手中。每個生命都有其自由意志決定如何生存、如何死亡，這些都是其在出生前便已決定好的，包含自殺、安樂死、意外。

雙方都接受就是好選擇

死亡的方式不是重點，重點是在其走向死亡時的心情、態度，是否可以全然地接受？在種種的因素考量下，也徵得動物本身的意願，其實安樂死是可以被接受的。只要飼主及動物雙方都能接受，並且明白這是共同做下的決定，不要帶著遺憾，那麼，帶著祝福好好地道別後，一樣可以在愛中轉化至下一個更好的旅程。

如果你曾經在沒有徵得牠的同意便讓牠以安樂死的方式離開，請別難過。請聽聽以下的故事：

這個個案其實一開始我並不想接，但是朋友請我一定要跟她談一談，因為自從她的狗狗過世後，她便一蹶不振，無法回到之前的平靜生活。在交談過程中，她的狗狗一直徘徊在我們之間，那是一隻白色馬爾濟斯犬。

她描述了牠因為得了淋巴癌，在醫生判斷之下建議安樂死，因為牠的身體已無法再承受這樣的病痛，即使可以，接下來的醫療過程也會非常的痛苦。於是她經過深思後，讓醫生以安樂死協助牠解脫。起先，她以為那會是對於雙方的解脫，沒想到，她自此無法從自責及自我懷疑中走出，常常問自己，是否如果當時沒有安樂死的話，牠也許會康復，牠也許還會跟著她生活。這些強烈的

自責壓垮了她，她無法再正常上班，於是辭掉了原本的工作。

看著她流淚的雙眼，小狗開始說話了：「請妳告訴她不要難過了，我生前所經歷那些病痛折磨，是為了讓我現在得以成為她的指導靈所做的鋪陳，現在的我在她身後引導著她協助更多的死亡動物們。那些病痛及安樂死的過程是必要的，如果沒有那些心痛的經歷，她是不會從原先的工作離開，進而去接觸她現在的工作。她現在做的事是我們曾經約定好要做的。」

放下情緒平穩接納

這位女子聽完狗狗的話後，止住了眼淚，像是忽然明白了什麼似的，說道：「是這樣的嗎？所以這一切都是安排好的嗎？祂一直在我身旁嗎？妳知道嗎？因為祂，我從一個無神論者，開始天天念經迴向給祂，替牠祈福，甚至轉到寵物靈骨塔工作。這是我以前絕對不會碰也不曾想過要做的工作。我現在的確也因為牠的因素，想替離世的動物們做些事情，想好好地送牠們一程，原來這一切都是祂引導我做的。」

在更多的深度交談後，這位女子總算解開了心結，平靜且充滿希望地離開。而我則從這次的個案經驗看見了更大的安排。有時候，為了某些更大的目的，靈魂們會聚集在一起共同譜寫劇本，然後在時間地點都到位時演出。就像這個個案，我也不小心參與了演出，更接受了原來安樂死也有其必要性，動物也有可能成為我們的指導靈。

如果這故事還是無法讓你釋懷，那麼你可以試試寫封信給祂，把當時未說完的話，心中的遺憾好好地透過書寫去表達。然後再將這信燒毀，交由風及火把你的心意帶給祂。你可以一次又一次地書寫，直到心中感到平安為止。別忘了也觀察你的生活，很多時候，祂會透過各種生活小徵兆、聲音、影像來回應

你的信。不過，最大的確定就是你心中的平安及釋懷。

　　思念是一條線，牽引著雙方，你的心念與牠緊緊相連，牠若感到平靜，當你想到牠時，一定也是安穩、平靜。

如何面對牠離去後的生活

　　當阿冰離開我的世界時，我也曾有段近 1 個月的強烈悲傷期，即使早已準備許久，心中對於死亡有些些的理解，也明白那只不過是重生的前奏，但令人窒息的空缺感還是無時無刻地圍繞著我。家人與我總是在返家時，習慣性地看向門邊地下，以前那邊會有個小小身影伴隨著細細的喵聲歡迎我們返家。有近半年的時間，我們都感到孤單及悲傷，不論是大人還是小孩。

　　在那段期間，我開始抄寫心經，而且是抄寫那本之前不小心被阿冰尿尿的心經本。曾經讓人生氣不已，覺得整本都臭掉的心經本，竟成為那段期間最大的安慰。阿冰在醫院的最後那天，偷偷地打了通心念電話給我的學生，請她手抄一張心經送給我們一家，那是牠最後給我們的禮物，感謝曾經有過的照顧。也是因為這禮物，在那段牠剛過世，我再怎麼想都摸不到牠實體的日子，我開始手抄心經。這方法治癒了那段時間的悲傷，一句句的心經平靜了我與家人的心。牠真的很知道如何讓我平靜，也提醒著我心念的重要。

　　思念是一條雙向的路，當我們想著牠們時，其實牠們也會感受到，尤其是沒有了肉體的限制後，那想念更是暢通無阻地直達牠的存在空間。在那空間中，所有的心念都被無限放大，悲傷會很悲傷，快樂會很快樂，你給出的會形成各種光線繞著接受這心念的一方。

　　想牠時，就請好好地想吧！但別浪費了這機會，這時可以給出的光線充滿著滿滿的愛，因為是情緒最強烈的時候。如何善用這思念呢？請以祝福代替痛

苦、自責及拉扯。想牠時點上蠟燭，願燭光能將你的思念帶到牠身邊同時指引牠的路。也可以在想牠時抄寫心經，透過經文將祝福一筆筆地傳到牠身邊。

和離世的毛孩說說話

如果你的毛天使已離去許久，但是你心中尚有遺憾或是有話尚未說完，尤其是彼此之間有著約定尚未解除，可以試試以下的方式：

請找張牠的照片，看著照片，書寫下所有你想要跟牠說的話。如果可以，請順著我們前文建議的那4大方向：「對不起，請原諒我，謝謝祢，我愛祢」來寫下所有來不及告訴牠的話。如果你曾經與牠有任何約定，也可以趁這機會好好地解除，讓牠自由，不用牽掛著這一切。寫好後，請將這封信透過焚燒，讓火光把信上的訊息傳達給牠。

接下來，請觀察你的生活，留意任何身邊的小徵兆，也許是某人的一句話、書上的一句文、電視電影上的一幕、一首音樂等等，牠的回訊會以這樣的方式來到你身邊。可以重複寫這樣的信，當訊息的的確確被收到時，你會感到安心、平靜，不再忐忑、痛苦、甚至放下牽掛。因為，思念是雙向的路。

化解自責找回平靜與愛

如果牠的離去帶給你的是自責，那也可以試試以下的方式，但相信我，在毛天使的世界，那裡只有無限平靜及愛：

你可以透過刻意地回想來重寫那些帶給你自責的過去時光。深呼吸數次後，讓全身完全放鬆，自然地讓內在浮起那段你感到自責的過去。試著在內心重新走過一次，但這次以你想要的方式。如果你是因為內疚於透過安樂死讓牠從病痛中離去，那你可以想像牠是自然地離世，而在那之前你們已說完所有的

話。這樣的劇情重寫，在物質世界似乎只是空想，但實際上，在精神世界，隨著專注及情緒的強度，可以產生一定影響力，影響著你與牠同時存在的精神世界，進而產生一定的療癒力。 這方法也可以透過書寫進行。 請選擇任何你喜歡的操作方式。

如何處理牠的遺物？

雖然經過清理之後這些物件還是可以使用，但我還是建議大家將它們斷捨離掉，而且最好是在處理完牠的後事之後馬上進行。不建議將它們轉送給其他同伴動物使用，尤其是那些生前有著強烈地盤領域性毛孩的遺物。那些牠喜愛的物品或是玩具，丟棄之前可以先拍照起來，然後將照片火化給牠，這是可被接收的。另外，請一邊處理這些物品時，一邊心懷感謝，謝謝它們曾經陪著牠度過那段美好時光。透過這樣的斷捨離，我們可以加速消化整個空缺期，讓彼此自由，也讓我們不至於太過觸景傷情。

如何告知家中的其他同伴動物及小孩們？

當一隻同伴動物走入家庭，也意謂著我們接受了面對死亡的練習。建議在飼養前或是初期即誠實告知小孩關於同伴動物可能會有的生命期限，我們透過牠們學習如何在有限的生命中享受生活，打開心去愛周邊的生命，珍惜每個相處的時刻。死亡不是終點，是另一個生命的開始。帶著孩子參與牠的整個生命歷程，包含最後的離別。讓孩子寫封信、畫張卡片來與同伴動物告別是個很好的方式，不用特別去隱藏，孩子其實能夠明白。平常也可以選擇生命教育繪本帶領孩子認識同伴動物的死亡，例如：佐野陽子的《活了一百萬次的貓》。

至於其他的同伴動物們，可以試著像是對小朋友說話一般，用簡單的話語據實告知牠的離去。其實很多時候，同伴動物們比我們還早知道彼此生命何時結束。曾經溝通過一隻狗狗，牠便分享過家中的另一隻貓如何提早預告了牠自己的死亡。所以當貓咪離去後，狗狗沒有太大的意外。飼主也才明白為何貓咪離世前一個多月，原本水火不容的一貓一狗卻在後期變得相處和諧。

具象化祝福，傳遞愛給牠

透過簡單的觀想，我們可以將祝福更有力地傳送給任何關愛的生命，即使牠已成為小天使。

做3～5次的深呼吸，讓自己完全的放鬆下來，試著在腦海中以一個圖像代表任何你心中牽掛的牠。這個圖像／形給你的感覺是什麼？若是陰暗憂鬱的或是讓人皺眉頭的，那就對著這圖像送上祝福或直接想像一道來自生命源頭或是太陽的光壟罩著這圖像。也可以一邊想像著光，一邊心念四句話：對不起，請原諒我，謝謝你，我愛你。然後你會發現圖像改變了。請持續送上祝福，直到圖像／形轉為和諧即可。

美好的臨終啟示

死亡是走向重生的前一站，我們帶著死亡時的最後印象踏上再生，這就是生命。你希望牠的未來是開心、快樂、平靜，還是充滿著痛苦情緒、眼淚、拉扯呢？請好好地整理自己的情緒，試著對死亡有個更大的認知，每次的死去都意味著更大的可能性及進步。怎麼說？看看我們現在的世界，是否比起百年前還要更不同、更前進了呢？靈魂不滅，我們帶著曾經的印象踏上更大的可能性，開創更大的世界。

靈魂因為緣分而相聚，也因為緣分而分離。但只要心還念著念著，緣便還有著。面對有形生命的短暫，我們得學會放下時間、空間的限制，試著用更大的心眼去感受彼此之間的相聚帶來什麼樣的火花？同伴動物們來到我們的身邊都有其各自的原因。我們因為喜歡牠的某個點而愛上牠，帶牠回家與我們共同生活。在生活中我們互相磨合、相伴，漸漸地成為彼此心中重要的存在。還記得牠是什麼地方讓你如此喜歡的嗎？是個性活潑、貼心，還是外表可愛，看到就讓人想笑？那些你喜歡的部分其實是你渴望的，我們將它投射到這個世界，顯化了擁有這些特質的牠來到你面前，進到你的生命。

同伴動物的到來是禮物

然後，在牠生命結束返回源頭時，我們把那些喜歡的特質收回到自身。想一想，如果你的牠是隻活潑愛外出的同伴動物，是不是牠走了後，原本個性安靜不喜外出的你，忽然開始喜歡外出了？或是，在牠離去後，牠的性格特質忽然顯現在家中其他的同伴動物身上？這都是能量的轉換，都是我們心念的顯化。覺得太玄？沒關係，就當是牠離去後留給你的禮物，謝謝你曾經的照顧。

上天讓牠來到我們身邊，提醒我們：「醒來啊！不論如何，你都可以自在當自己。我願意當你的鏡子，照映出你的真實。也許我只能陪你走一小段，但我願意全心愛你，請珍惜我們這段緣。只要你成長了，成為自己了，也開始學會愛，那我就成功了！我的生命就此滿足。」上天派遣各種天使來到我們身邊，喚醒沉睡的我們，牠是其中一位。

想想我們是何等幸運，如此受天眷顧，醒來吧！看看真實的世界，看見真實的自己。我們不需成就大事，只需活出內在的光，點點心火，會成就一個更美好的世界。

Chapter

6

一些有趣的提問與解答

動物溝通師來解惑

- 學動物溝通是否需要吃素？
- 動物溝通可以自學嗎？
- 學動物溝通是不是會看到阿飄？
- 可以跟國外動物溝通嗎？
- 所有生物都能溝通嗎？
- 溝通時一定要看到動物的眼睛嗎？
- 如何擁有清晰的動物溝通能力？
- 為什麼學動物溝通得同時學習靜心？
- 動物溝通師是不是能隨時隨地進行動物溝通？
- 如何選擇適合且優質的動物溝通師？
- 同一隻動物、相同問題，為什麼不同動溝師給的答案完全不同？
- 流浪動物們是如何看待人類介入結紮、原地放養的救援行為？
- 如何運用動物溝通來尋找走失動物？
- 動物們會記仇嗎？
- 動物們會說謊嗎？
- 同伴動物會想改名字嗎？
- 如何避免同伴動物吸收我身上的負能量／壓力，來讓牠的能量潔淨呢？
- 如何透過動物溝通來協助在人類社會服務的動物們？

動物溝通師來解惑

和同伴動物溝通，是許多人心心念念的事，也因為看重，所以會有許多疑問，在開始之前，你可以先看看你心中的疑問，能不能在這裡得到解答。

　　無論你是想與同伴動物溝通、想更認識動物溝通，或者甚至想成為一位動物溝通師，你心裡一定有許多疑問，這邊收集了一些常見的問題，有關於動物溝通師的，有討論成為動物溝通師的學習歷程中會遇到的問題，也有關注同伴動物的提問，在看完這本書，往前邁進下一步時，希望這些提問與回答，能夠提供幫助。

 學動物溝通是否需要吃素？

　　猶記得我也曾以這個問題問過阿冰，牠當時很酷地回了我一句：「妳覺得我是吃素的嗎？」

　　當下我只能以當頭棒喝來描述聽到這答案的心情。是啊！動物們之間彼此溝通，和諧共處，但依然保持著其原有的飲食習慣，一切就是順其自然，以大道而行。也許這答案對於某些人來說是有爭

議的，但這得看你從哪一個角度切入來觀察。如果是以能量場的角度來回應這問題的話，我會說素食的確對於保持或提高人體頻率的輕盈度是優於雜食的，而較輕盈的個體頻率的確有助於動物訊息的接收。

但這又會帶來另一個問題，如果因為屠宰動物的過程中產生的悲傷、恐懼情緒影響到肉品的頻率，那植物呢？科學家發現植物也有情緒，當傷害靠近時，它們也會產生恐懼的電流反應，那是不是我們吃的蔬食也殘留恐懼的低頻？

食物旅程能量練習

在課堂上，我們常常進行一個很簡單能量練習，我稱它為食物的旅程。

Step1.回想你上一餐的某樣食物，選擇單一的食材，試著去想像這食材從入口之前往前回推，它是如何被烹煮的、從何處購買或是親友送的、它被送到市場前經歷了什麼、送到市場前它是如何的，一直去回推到它的原型，也許是一顆種子，或是一個雞蛋之類的。有些較高敏感的人在這階段的觀想可以感受到食材的情緒或是它的光彩色澤，有些人則就是一般的影像觀想，都很好，沒有問題，但請你記得整個冥想過程。

Step2.試著閉上眼，開始真誠地祝福並感謝你的胃以及你的消化器官，直到你從內在之眼感受到它的喜悅，或是看見它開始發光發亮。

Step 3.再重複一次Step1的觀想，重新進行一次食物的旅程。

Step 4.你發現到什麼了？是不是整個觀想的內在影像都已經改變了呢？

我們從這個小小的冥想發現到僅僅只是祝福感謝我們的胃、消化器官都能帶來如蝴蝶效應一般的能量影響。許多人發現到透過這樣的祝福及感謝，那些原本在Step1時看起來暗黑的內在影像、充滿負面感受的畫面都轉成了明亮且充滿正面能量的影像畫面，有些人甚至可以感受到情緒面的轉變。這就是心念的力量，這就是我們的內在力量與外在世界互動的祕密。

餐前祝福帶來喜悅

如果你有餐前祝福的習慣，你也會發現到進行食物旅程的冥想時，在Step1的觀想影像、情緒感受便已相當正面，若再加上祝福感謝你的胃、你的消化器官，這個花最久時間處理食物的身體器官，你會發現在做第二次的食物旅程觀想時更是明亮而充滿喜悅，彷彿這些食物認為被你取用是它們的榮耀一般。我們也從這可以去延伸理解為何前人在取食時總是帶著敬意及感謝的態度，尤其是取用動物身體時。

所以回到「當我們在學習動物溝通的時候是否需要成為素食者？」這個問題上，我想真正重要的是：你是用什麼樣的心態與你所吃的食物共振，是感激的心情呢？還是食不知味？還是覺得理所當然的心情與態度？這會大大地影響你吃進去食物的振頻。回到上游、食物來源的地方，你用什麼樣的心態去飼養這些家禽，甚至種植植物、農作物，它都會造成我們在食用、取用它時的能量共振上

產生影響，所以重點的問題不在於是否是素食（者），而是在於那一份心、心態與態度。

動物溝通可以自學嗎？

以我的經驗而言，因為自己屬於靈媒體質，可以快速地閱讀到各種物件（無生命與有生命）上頭的訊息，所以動物的訊息於我而言，非常快就可以上手。但是在初期也僅止於表淺的訊息、單方的訊息接收。還好我有個超厲害的動物老師：阿冰。既然是動物溝通，當然直接由動物來教導是最好也最道地，我是這樣想的。

牠用各種方式跟我互動，教我如何了解貓咪的想法，也分享牠如何與其他動物溝通的方式及牠對於牠們的想法。漸漸地，我開始可以雙向溝通，漸漸地，可以從單詞進展到句子，再到一整段。動物訊息也開始從一般日常小對話漸漸地擴展到生活議題、生命的意義等等，看似頗有哲學味道的深入內容。這期間，我也同時做相當多個人思想面向的框架拆除、靜心、脈輪清理。開始與阿冰溝通約1年後，我開始與其他人的同伴動物溝通，累積經驗值。就這樣，整整練習了近6年，才開始出來教學。每次的教學工作坊又再累積各種成長及經驗，然後一次又一次整理起來，分享給學生。

有專業老師帶領更好

所以，如果你問我動物溝通可以自學嗎？如果你有跟我一樣的體質，那是可以的。但是請一定要有隻同伴動物一起練習，也強烈

建議要伴著靜心及內在清理、提升內在覺知共同進行。坊間有許多的動物溝通自學書籍、CD雖然可以供有興趣的朋友參考，但大部分內容都僅局限於各種溝通方法，談到自我內在的覺知提升、能量訊息分辨的相關教導不多，這是比較可惜的。

　　但是，如果有一位經驗豐富且專業的動物溝通老師帶著學習，則可以縮短整個學習歷程，同時減少踩到地雷或是走偏的可能性。

學動物溝通是不是會看到阿飄？

　　靈體的存在並不是因為我們打開了更大的覺知力、擁有了更細緻的感官接收力而產生。祂們一直都存在與我們的左右上下，只是因為維度空間的差異，所以大部分的人無法感知到祂們。只要是可以打開更大的覺知、擁有更清淨的自我能量場、更細微的感官接收力的任何靈性學習，都會引導學習者發現原來這世界是如此地廣大，沒有時間空間的限制，也因此可以感知到其他空間維度的存在，變得是一件理所當然的事。

　　對於這些靈體的正確認知反而才是真正需要關注的。所有一切都是能量，都有著獨特的頻率。當兩方的頻率共振相符，自然會牽引彼此相遇相連。如果不希望老是碰到阿飄，那應該在自我頻率上提升，努力讓自己的頻率保持在一定的高頻。而擔心、害怕、恐懼是最容易與阿飄相應的頻率，另外沉迷在任何的上癮也是，例如：酒精上癮、藥物上癮。還有喜歡流連在賭場、聲色場所，這些都是非常容易與阿飄相遇相連的地方。

可以跟國外動物溝通嗎？

動物溝通是一種內感官的訊息傳遞。透過內部的感官來傳遞的訊息，是全宇宙通用的心念，沒有語系之分，也沒有時間空間的距離之別，一切皆運作於當下。所以當然可以與國外的動物溝通，沒有阻礙。至於什麼是內感官的運作方式呢？請試著想像以下這段話：「我走在一個風光明媚的小徑上，微風吹來，陽光溫暖的灑下，耳邊聽到樹上鳥兒的聲音。」

當你在腦海中想像著以上的敘述時，你已開啟了初步的內感官，那些你腦海中感受到的光線、聲音、溫度、甚至味道，都是你內在的感官調動腦海中的歷史經驗運作出來的。只是動物溝通在運作內在感官上，有著更精細的訓練，來達到不僅僅止於調閱曾經歷過的外感官覺受來重溫，而是更進一步地進行與外在溝通者的訊息交流。

所有生物都能溝通嗎？

可以。對於動物溝通師而言，所有的生物都是可以溝通的。我們透過心意的互相傳遞來進行溝通，所以沒有語言的隔閡，只要是有意識的都可以溝通。

有次，我收到一個委託，得要溝通一群白蟻，因為白蟻把委託者的地下室破壞得很厲害，所以想要請人來噴藥驅蟲，但又怕傷

到白蟻們。所以請我跟白蟻們溝通，看看是否可以先移動去別的地方，不要住在家中。說真的，面對這樣一群白蟻，我們不可能一隻一隻溝通，不僅沒有效率，也不符合牠們的習性。這時就得從蟻后下手，好好地跟蟻后說明整個事件及如果不搬家的後果，同時也告知屋主有在屋外另外準備一塊木頭，牠們可以先移居到那裡，再慢慢搬家。而跟蟻后溝通，並不需要去找到本蟲並跟牠眼對眼，一切都是心念。

對焦好特定的族群所在地，專心一志，開啟動物溝通的頻道，即可完成整場溝通。那次溝通後，據說蟻后的確帶著一群白蟻們搬離了地下室，轉移到了戶外的木頭上。但地下室還是有留一些工蟻做最後的留守，不過數量是大大地減少了許多。

透過心念與動物溝通無礙

另一次則是發生在家中，由於小朋友從小耳濡目染之下也學會了與生物溝通。某次她的房間地板忽然爬滿了螞蟻。於是她心念對準了蟻后，開始詢問為何牠們會出現在房間，蟻后回應說是因為要下雨了，牠們在外頭的巢穴需要遷移，所以遷到我們家。她想了想，後續又再繼續與蟻后溝通協調，畢竟那是她的房間，她並不想跟牠們一起共享。

溝通完沒多久，也才不到半鐘頭，房間的地板便一隻螞蟻都沒有了，小朋友特別地開心，保母也嘖嘖稱奇。沒多久，保母在廚房大叫一聲，我們趕緊衝去看看是怎麼一回事。保母打開垃圾桶要我看，這一看，我大笑出來。原來，小朋友房間中的螞蟻全部遷居

到垃圾桶去了。我把小朋友喚來問，她笑笑地說：「蟻后說想要有得吃又不怕下雨的地方，我想了想，就垃圾桶最適合，又有蓋、又有食物、又可以到時候整包包起來丟到外頭去。牠們就不用走這樣遠，還要爬下樓。」

還有一次也是挺有趣的，不過說起來有些不好意思，算是小小的惡作劇。話說某次跟小朋友在外頭吃路邊攤，那是台炒泡麵的小餐車。吃著吃著，我跟小朋友都看見了小小蟑螂爬上桌，而且還不只一隻，是接著好幾隻。我跟小朋友相視一眼，笑了笑，開始心念溝通，讓小小蟑螂往旁邊爬去。

旁邊坐著一位年輕的上班族女子，原本沒有發現蟑螂的身影，但隨著移過去的蟑螂愈來愈多，她開始驚慌失措。小朋友轉過頭來看了我一眼，一臉「媽，妳幹得好事喔！」 我笑出來，讓她趕緊吃了，打道回府，臨走前我刻意再讓蟑螂爬向老闆的方向，這麼多隻同時出現，老闆一定可以看見！不過，我現在想想，還是覺得有些好笑，是哪個媽媽會這樣大神經地帶著小朋友做這種事？還吃這樣不健康又不衛生的食物？

溝通時一定要看到動物的眼睛嗎？

其實不一定要看到動物的眼睛，只是，看得到眼睛的話，對於溝通師而言會更容易對焦其內在靈魂，或是更容易接收到牠的心意。如果一定要看得到眼睛的話，那象牙蚌、小型昆蟲之類的，不就無法溝通了嗎？

在我的老家，常常會有母貓偷偷夾帶著小貓咪躲到靠近廚房的小倉庫中定居。有次，為了確保小貓咪不會被帶走，母貓把牠們放在小倉庫中進不去的角落，家人無法撈出來。但是，其中一隻小貓咪應該是生病了，因為地面上出現很多攤的嘔吐物。為了能夠把藏在深處的小貓咪帶出來去看醫生，家人請我幫忙跟母貓溝通一下。但是因為母貓總是躲藏，很難拍到正面照片，家人只傳了張母貓的背影圖給我。透過那張照片，我順利地連結上了母貓，告訴了牠關於小貓生病得看醫生的事。

　　那應該是隻第一次當媽媽的母貓，對於小貓的事非常緊張，也不知道該怎麼辦。於是牠答應了我將小貓從倉庫深處帶出，讓我們帶去看醫生。隔天早上，家人傳來張令人開心的照片，照片中一隻小小貓被放在廚房小倉庫前面的走道上，母貓真的把小貓帶出來了！家人便趕緊將牠送去看醫生。但很可惜，因為牠實在是太小也病得太嚴重了，最後還是當小天使去了。

　　說真的，面對這樣的結果，我們都覺得很可惜，也替母貓感到難過。為了讓母貓知道這事情，同時請牠們另擇住家，家人又請我再跟母貓溝通一下。東想西想，我決定編織一個故事來讓母貓另擇住處，同時也告知小貓的狀況。面對小貓的事情，母貓嘆了一口氣，但似乎是早已知情，並沒有出現太大的反應，也慎重地考慮搬家（因為我說：這家人不會照顧貓，為了她的小貓安全，還是早些搬家比較好）。

　　溝通完隔天，老家的監視器便拍到母貓從窗戶鑽進來，進去小倉庫將小貓一隻隻地領出來，然後不斷地從窗戶邊的架子爬上去

窗戶，再爬下來，演示如何上架子爬到窗子邊出去給小貓看。就這樣，小貓在貓媽媽的帶領下，一隻隻地順利搬離了我家。

溝通入口在心，不一定要對眼睛

當我們在進行溝通時，對準的是牠們的意識頻道，那頻道的入口不在眼睛，在心。照片可以輔助我們集中意念在溝通的對象上，協助對準牠的能量場，但並不一定要眼對眼的照片。意識的傳遞無空間及時間的限制，所以也無需要現場面對面的溝通才能進行。毛小孩家長若希望看見毛小孩當下與溝通師的互動，那麼遠距離的視訊溝通一樣是一個方法，可以省下很多的舟車勞頓，在家中毛小孩也比較有安全感。同樣地，即使是視訊溝通，毛小孩一樣可以到處遊玩，不用面對鏡頭固定在畫面前。

如何擁有清晰的動物溝通能力？

大量的冥想靜心絕對是第一必要。冥想靜心可以協助我們穩定內在，把注意力從外面移到內在。當我們把注意力放在內心，內感官便能啟動，開始準備工作。長期且持續的靜心冥想更可以協助我們培養增長覺知力。有強健的覺知力，可以快速地覺察自己內外的所有狀態，進而了解何時該清理、何時該做轉念的工作、何時該做思想框架的拆除，這些都有助於動物訊息的接收。再來就是內在思想框架的拆除，這可以讓我們擴張更多接收訊息的各種可能。

另外，就是健康的身體。有健康的身體，才能有健康穩定的

訊息接收管道，因為接收動物訊息是很耗體力的。最後，也是最重要的，誠實。誠實很重要，不僅對外要誠實，對內、對自我更要誠實。當我們開始身心一致，言行一致時，我們所收到的訊息也會清晰無隱藏。因為這世界其實是由我們內在所投影，同步形成的。如果你希望能收到清晰且無隱藏、欺瞞的訊息，請從現下開始，回到真實的自己，思言行一致吧！

為什麼學動物溝通得同時學習靜心？

靜心有非常多的好處，最大的好處是可以協助人們回歸到平靜的能量場域，當我們處在平靜之中，所有的外境皆能跟著回歸平靜。一個平靜的動物溝通師，可以發揮非常強大的影響力，在溝通時可以將這樣的靜謐品質同步傳遞給動物們，進而達到療癒及安撫的效果。除此之外，大量的靜心可以提高我們內在的覺知力、感受力及直覺力，這些都是動物溝通師必備的品質。

在長期練習靜心之下，練習者會漸漸地由一個躁動容易被外境影響的狀態轉變為可以安住在內境，不易受外境晃動的狀態。當一個人的心境及能量場域可以持續保持在穩定狀態時，這樣的品質不僅可以協助到自身的身心平穩，也可以同步利益所有跟他接觸的人及動物。當一個個體時時保持身心平穩，許多原本困擾的身心疾病就會往痊癒的方向走去，這是最根本的身心療癒之道，由內而出的自我療癒力。

最簡單的靜心法可以從數呼吸開始。以腹式呼吸進行，吸氣時

數一，呼氣時數二，依序下去，專注在這之中。任何可以讓你專注在其中一段時間的行為都可以拿來做靜心練習。你可以從這開始練習靜心。

動物溝通師是不是能隨時隨地進行動物溝通？

進行雙向動物溝通的溝通師，必須先取得自我內在的允許、動物的允許、還有飼主的允許（如果有飼主），才能開始進行交流溝通，這是非常基本的尊重。除此之外，溝通現場是否適合深入交談也是一個重點。每一場動物溝通，前面的準備其實很多，動物溝通師得先行靜心，整理現場能量，把自己調整到較高角度、完全的中立溝通管道，進入平靜之中，才得以進行較為深入的溝通交流。

但一個已長期習慣這樣溝通模式，也練習至少數年之久，可以隨時進入平靜狀態，調整自己的頻道對準動物，並讓自己快速抽離平日角色的人，的確是可以時時進行動物溝通，可以與街頭上、動物園、野外的動物們互動無礙。

不過，我自己在如此做之前，一定還是會詢問過內在及動物們的意願才會進行，不會直接且貿然地切入溝通。這是一種對彼此的尊重，也是保護自我的方式之一。

如何選擇適合且優質的動物溝通師？

1. 請先觀察動物溝通師的溝通風格是否符合你的需求。

人有多少種，動物溝通師就有多少種，溝通的方式就有多少種。有些人喜歡面對面溝通，有些人喜歡線上遠距離進行，有些人喜歡直接問答，有些人只接受線下問題清單，有些人是透過牌卡或是靈擺進行，有些人則是採用催眠法。各種方式都有。確認好自己喜歡直接問答還是填好問題，等溝通師擇日回答，再去篩選溝通師，會是第一步驟。

2. 觀察溝通師。

　　前往溝通師的個人網頁、臉書粉專、IG，確認溝通師的個性及其表達方式、還有對於動物的想法、溝通的風格、甚至收費價格／模式是否符合你的想法及需求。

3. 預約個案前，確認好自己的溝通意圖。

　　若是要改變動物的行為模式的，請轉彎，改找動物行為師；若是要確認身體病痛的，也請轉彎，改找獸醫師。動物溝通師的功能著重在協助飼主與同伴動物之間的相處與互動協調，並找出動物與飼主之間的心結，協助化解，如果有的話。

4. 如果是透過親朋好友推薦，還是建議自己再多多觀察。

　　建議多觀察該溝通師的上述狀況，再做決定。有時候適合該親友的，不見得適合你。

5. 確認該溝通師是動物溝通師還是動物靈媒，這兩者之間有著很大的差異。

　　所有的動物溝通師都是動物靈媒，但是所有的動物靈媒不見得是動物溝通師。動物溝通師可以雙向傳遞訊息，動物靈媒只可單向接收訊息。如果你希望也能傳遞訊息給你的同伴動物，不僅僅只是

知道牠的想法或是與牠相關的訊息，那你會需要的是動物溝通師。

　　動物靈媒基本上可以閱讀各種訊息，不論是人還是動物，甚至是靈魂、植物、礦石、無生命體，但不見得知道如何適當地傳遞訊息給動物們。動物們非常的敏感且開放，當一個能量訊息不是適當地傳遞給動物時，其實很容易造成驚嚇，導致溝通後性格變得有攻擊性、畏縮，或是原本的行為問題更趨嚴重，甚至出現更多問題。

　　可以試試透過以下問題詢問該溝通師：

- 請問大部分的溝通個案以人居多還是動物居多？

  靈媒大都是以人居多。

- 請問單次溝通個案的時間長度？

　一個可以深入雙向溝通的動物溝通師會至少需要 45 分鐘～1 小時的溝通時間，不含動物個資確認。

- 請問已接觸動物溝通這個領域多久？已溝通過幾個案件？

  一個專業且已上手的動物溝通師至少需要 3 年的養成，且已溝通上百個案件。

- 請問是否可以現場直接溝通同伴動物？

  一個專業的動物溝通師，可以在動物於現場活動時依然溝通自如且知道如何掌握動物的節奏。但動物靈媒比較無法掌握來到現場的動物們，他們會比較需要一個安靜且獨處的地方來接收訊息。

- 請問是否有溝通範例或是溝通個案紀錄／回饋可以參考？

  可以透過溝通的相關個案紀錄，來更進一步地確認該溝通師的狀態。

同一隻動物、相同問題，為什麼不同動溝師給的答案完全不同？

 　　就如同我在其他章節說明的，每個人的感官看出去的世界會因為切入的角度及個人喜好、個性而有所不同，進而在描述轉達眼中的世界時定會不同。在動物溝通上也是如此的，同一問題，同一隻同伴動物，動物溝通師會因為問問題的方式、個人對於訊息的理解、轉達溝通的能力而帶出不同的答案。但如果是簡單的是非問題則大多應該是一樣的，不會有太大的差異。

 流浪動物們是如何看待人類介入結紮、原地放養的救援行為？

 　　說實話，對於我們這樣的善舉，在街頭生活的狗狗及貓咪們是不太喜歡的。在牠們的眼中，這樣的行為讓牠們深感到迫害，認為我們打擾了牠們的平靜生活。大家可以試著想像如果你就是在街頭生活的貓咪或狗狗，突然間平日會與我們分享食物的人類好朋友，把我們抓走、帶到醫院動了手術，再將我們送回街頭，是否會感覺到驚嚇呢？而且還會是不小的驚嚇，且伴隨著生理不適，即使只是短暫的。

　　而且在結紮的過程中，身上定會沾染到其他人類、區域的味道，這樣的你回到了原生活區塊，其他的生活同伴會如何對待你？

一定會排擠，甚至攻擊，直到味道再次被彼此接受。但心理的驚嚇基本上是沒有人可以協助的。以上是牠們曾告訴我的想法及經驗。

然而，站在人類的角度，我們會認為需要介入協助以控制數量，進而避免不必要的撲殺。不過，在自然生態之下，其實每個區域的動物數量會有其自然的平衡，當一個區域的食物及生活空間即將達到飽和時，該區域的動物自然會有方法減少數量，也許是不再交配，或是交配成功率下降，甚至是開始分散群體至其他區域。不過，因為常常有好心的人類會主動提供食物給街頭上的貓狗們，在充分的食物供給及保護之下，再加上人類的棄養，隨意將貓狗丟置於街頭，導致這樣的生態平衡其實很難達到。

這便是目前街頭動物們與人類共同生活所面臨的狀況，期許在未來這樣的難題能有個讓人類及街頭動物都能滿意的解決方案。

如何運用動物溝通來尋找走失動物？

很多人對於動物溝通有很夢幻的想法，認為就像是電影《怪醫杜立德》一樣，跟動物之間就像和人一般的說話，表達方式或是使用的語詞習慣都是一樣的。但其實不是的。動物們在傳遞訊息給溝通師的方式是很多元的，有時是氣味，有時是影像、有時是像文字般的訊息、有時則是體感、情緒。在溝通條件良好之下，也就是雙方都在心情平和、彼此有意願聊天、現場環境安全，動物們才會比較願意釋放出多元的訊息，尤其是已有溝通經驗的同伴動物們更會暢所欲言。除此之外，很多時候，溝通師往往得根據動物提供的有

限訊息與飼主討論來結論出牠真正要表達的，特別是從未有溝通經驗的同伴動物們。

走失溝通的難度

當一隻同伴動物因各種原因走失，不論是自己離家出走（貓咪特別多），還是玩到忘記回家、被其他人類綁架之類的，心境一定都是處在警惕狀況。跟一隻情緒緊繃、處在警惕狀況、也許還伴隨著驚嚇的同伴動物，進行心念溝通其實相當困難。牠們也許會拒絕連線溝通，也許會傳送各種無厘頭的訊息封包，例如：街邊的一個小角落、路面上的一個小石頭、空氣中的一股味道、某個路人的腳之類，讓人很難去分辨的訊息。更何況，有時那些影像很可能只是代表著牠們的心情或是過去牠曾看過的一個畫面。

再來，有時牠們傳來訊息的當下，很可能已是靈魂狀態，這意謂著可能已經死亡、彌留中、或是受到太大的驚嚇（例如：因為車禍意外或是大地震之類的走失）導致失魂落魄，這時要尋找，真的會很困難。尤其是碰到死亡議題時，溝通起來要非常留意，以免造成不好的介入影響，導致靈魂無法前進至下一個階段。

飼主請跟著這樣做

那動物溝通是否就無法協助尋找走失動物了呢？不，其實還是可以的，只是會需要飼主的許多配合，因為與牠連結最深的一定是飼主本人，而不是動物溝通師。

我通常會建議當一隻同伴動物走失時，飼主需要先作以下這些

功課，再來尋求溝通師協助，而且很多時候，光是做完以下這些動作，甚至只是做書信溝通而已，牠便已自己返家。

1. 跟離家亂跑的牠心靈喊話。看著照片跟牠說：「玩夠了，早點回來，家裡永遠有吃的、喝的等你。」重點：要有吃、有喝，然後告知牠回來是表示牠愛我們的一種方式。千萬別對著照片又罵又叫喔！

2. 在紙上分別寫上牠的名字及家的地址。然後在上面畫無限大符號（∞），不斷地畫，一個圈住牠，一個圈住家地址。製造能量連結，把牠吸引回家。

3. 「對不起、請原諒我、謝謝你、我愛你」，請盡你最大的力量念這零極限清理金句，將它當成咒語一樣的念。如果可以，全家一起念，最好念到夢中也在念。這4句話有著非常強而有力的清理效果，可以對於現況產生量子變化。請依著你的直覺念，不用一定要按照順序念，也可以只念：「我愛你」。

4. 寫信給牠。共寫3封信，透過文字的力量傳遞你的心聲。第一封，問牠去哪了，你很思念牠之類的。第二封，以牠的角度回信給自己（不用想太多，寫就是了）。第三封，綜合前兩封，你覺知到什麼？學到了什麼？一樣寫下來。第一封及第二封也許會需要反覆書寫，重點是寫到牠說牠願意回家才行喔！這方法對於自行離家出走的同伴動物，尤其是貓咪，特別有效。透過這方式，有些比較敏銳的人，往往可以迅速看見造成同伴動物走失這事的背後因素，並著手改變（往往都是直指照顧者的內在狀況）。

5. 去找當地土地公爺爺幫忙。祂老人家跟里長伯差不多，連協助找走失動物都可以！上個好香，帶些水果去，跟祂老人家聊一下，有時牠真的就會回家。國外的朋友或是因為宗教因素不進廟的朋友，可以找大地媽媽或是路上的大樹，真誠地請祂看護牠，如果可以請指引牠回家，別忘了送上真心誠意地道謝。

6. 看到任何尋找走失的協尋海報或是臉書訊息，請好好地在心中祝福牠們，祝福牠們一切安好，平安回家。宇宙大神告訴我，你給出的祝福會 10 倍以上地回到你身上，然後，祂從沒讓我失望。

7. 請每天點一個蠟燭祝福走失的牠，不論如何都能找到幸福，不論任何事都是最好的安排。如果回家是最幸福的，當然就回家，如果不是，也誠摯地祝福牠找到幸福。

8. 請想像你的頭上有一道光連結到牠的頭上，愈清晰愈好。如此可以協助牠快點找到路回家。

9. 傳說中的剪刀法！這方法只適用於貓咪。在灶台或瓦斯爐上放一碗滿的清水，剪刀一把平放其上。沒廚房的朋友，可以放在微波爐或電磁爐等等，你平常煮東西的爐具上。然後剪刀打開，開口朝著家門口或窗口，心裡開始 Call Out 給牠，叫牠名字、跟牠說話。在貓還沒回家前，碗和剪刀位置千萬不可移動，否則前頭做的都失效，要重新來。貓回來後，抓住牠繞灶或爐具 3 圈，好好謝謝一番。

10. 找貓最好晚上找，尤其是車下。白天則往上找，樹上、圍牆上、屋頂上等等。

11. 若真的找不回來，那請你相信牠、相信宇宙的安排！只要一想起牠，就祝福牠一次，牠一定在某個角落活得很勇健。尤其是貓咪，九命怪貓一說，可不是空穴來風的！

12. 請住家附近或是走失地點的街貓及街犬協助呼喚你家的同伴動物回家！別忘了要給些好吃的罐罐喔！

13. 這一點是給有在參加狗聚、貓聚、鳥聚之類聚會的朋友，請告訴你的聚會朋友們，請他們轉告他們的同伴動物有關你的同伴動物走失的消息。通常有在固定參加聚會的同伴動物們，牠們都會有個「空中社交群組」，會偷偷地彼此傳話交流。

以上的建議清單是以能量工作的角度來提供，除此之外，還是得要多去附近的獸醫院、動物之家、收容所、寵物美容商家詢問。社區公告欄、附近店家也要多張貼協尋海報、網上相關的 FB 社團貼文等等。

動物們會記仇嗎？

說實話，這部分其實要看飼主的狀態。大部分的同伴動物們都是透過人類飼主來學習，如果飼主本身的性格很「當下」，也不太會記仇，同伴動物的性格也大都不遠。但如果以自然天性來說，動物們是很「當下」的，今日事今日畢，不太會去記著過去的仇恨。但是會去記得所有跟生存相關的事物，哪裡會有危險，做哪些事會有失去食物的風險之類的事情。

動物們會說謊嗎？

這一題如同上面的答案是一樣的。同伴動物們透過同居的家人來學習及適應人類生活。如果飼主本身有說謊的習慣，我們發現往往同伴動物也會有這樣的傾向。但是如果是生活在戶外的動物們或是家畜、家禽類的經濟動物們，因為不會跟人有如此密切的相處，所以是不太會說謊的。

同伴動物會想改名字嗎？

有些時候我們會遇到一些同伴動物主動告知想要換名字，理由千奇百怪。往往會有這樣發現是因為飼主在溝通時疑惑為何平常叫牠，牠都不理人。通常很多時候，牠們就會順著話題提出對於自己名字的不滿意。牠們也會自己提出想要叫什麼名字，某些名字超長，感覺就是把一堆稱讚的話擺在身上，例如：美美的瑪格莉特之類的怪名。說也奇怪，很多飼主真的根據同伴動物的想法改了名之後，彼此的關係反而變好，同伴動物也會回應飼主的呼喚了。

但有些時候，同伴動物要求改的名字也可能是很簡單的，或僅僅只是覺得自己原本的名字讓牠在其他同伴前抬不起頭，例如：笨笨、阿醜之類的。但如果你問我，為何同伴動物會有改名字這樣的想法，以及牠們心中的好名字到底是如何發想的，說實話，我也不知道。但經驗告訴我，隨著名字的更改，我們在呼喚牠們的時候，

散發出來的振動頻率會是牠們喜歡的，就像我們所知道的，聲音、語言是有力量的。不過，親愛的讀者，請別因為這答案帶著你的同伴動物尋找溝通師協助改名喔，通常這都是同伴動物自己有所需求時，才會出現的特殊狀況。

 如何避免同伴動物吸收我身上的負能量／壓力，來讓牠的能量潔淨呢？

　　這也是很多飼主會提出來的問題。畢竟我們都在外頭走動，再加上工作、學習等等壓力累積，通常一天下來，我們都是帶著疲憊及各種情緒返家。生活單純的同伴動物相對的整體氣場能量也單純，不似我們那般複雜。所以很多時候，同伴動物就像一個海綿，會無意識地吸收我們身上的沉重能量，如果累積過多，來不及排除，就會很容易造成身心失衡，壓力過大。

　　以下有一些簡單的自我能量清理法，可以協助你保持自我能量輕盈，同時也可用在同伴動物的身上。

1. 樹療法：回家前，可以先去公園或是住家附近尋找大樹協助。站在選定的大樹前，深呼吸之後在內心詢問是否可以抱抱它，請它幫你代謝掉身上過多的壓力、電磁波。如果感覺到呼吸變得更深且全身放鬆，那就代表它允許了，那就可以放心地抱抱樹，與樹的氣場做一下交流。不過，此方法只適用於白天，樹還在進行光合作用之下，且請避開榕樹及柳樹。松樹、柏樹則非常適合補充元氣，是最佳首選。

2. 太陽光法：可以想像太陽的光芒從頭頂灑下來，金白色的光芒以螺旋狀的方式從頭到腳掃過全身，把身上黑黑的濁氣帶到腳底，進入地心，轉成可以被大地母親吸收的養分。

3. 泡個海鹽澡：海鹽可以吸收掉身上多餘的負能量。如果家中不方便泡澡，也可以泡個溫海鹽足浴，同時想像身上的負能量被海鹽水吸收，從腳排出。

4. 白光法：請想像自源頭（或銀河中央太陽）有一道白色的光柱直接從頭穿過全身進入地心，在白光中所有的低頻能量或是情緒壓力都化成黑色的廢氣排出體外，轉化溶解於光中。

5. 自由意志宣告：可以透過大聲的宣告來達到回歸身心清淨的效果，如果不方便大聲宣告，也可以在心中默念。

　　「我以我的自由意志宣告，我是這個身體的主人，任何不屬於真我的能量沾附，現在全部離開我的身體、氣場及所有的能量場。現在就完成，一切如是。」請反覆念以上宣告3～7次，直到全身放鬆，呼吸深而緩，心中感到穩定即可。如果可以採用母語宣告，效果更好。

6. 煙薰法：可以透過燃燒白色鼠尾草、好的藏香、或是秘魯聖木的煙薰全身及住家，可以有效清理氣場。一邊煙薰一邊搭配自由意志宣告，效果更是加倍。煙薰過程，別忘了保持空氣流通，以免造成暈沉。另外，秘魯聖木不適合有貓咪的家庭。

如何透過動物溝通協助在人類社會服務的動物們？

....

　　我們的社會上有許多受訓為人類服務的動物們，以狗為主，少數是貓，還有幫人類農耕的牛。我們可以在機場、醫院、療養中心、災難地、街頭上、還有農地中見到牠們的身影。

　　曾經有一位女士來學習動物溝通，她本身的同伴動物是一隻狗醫生，服務的重點是協助特殊兒童適應外在環境及學習。由於這些孩童在與外界互動上有較多的需要協助，所以狗醫生在這過程中，擔任的是安撫並協助孩童在整個學習過程的壓力釋放，提高其學習意願。

　　狗醫生們必須壓抑住自己的動物性，展現平穩有耐心，無攻擊性，才能勝任這樣的工作。因而牠們身上都背負著非常大的壓力，有些來自自我要求，有些是小朋友的情緒，有些則是飼主的。這位女士希望透過動物溝通更理解牠的心情，能即時地協助牠抒壓，避免過勞。這是動物溝通可以做到的部分，這些服務犬們非常需要壓力的出口，以及飼主的支持與讚賞。

　　雖然我們偶爾會接收到一些服務犬的壓力訊息，但大部分時間身為服務犬的牠們也表示著開心及喜悅。被揀選為服務犬的狗狗性格大都傾向喜歡吃、被摸摸、被稱讚，這也成為牠們在服務時的某種強烈動力。很多狗狗表示自己喜歡去參加這樣的服務活動，喜歡跟小朋友、老人家一起，覺得自己的存在變得很有價值，也間接地提高自我的信心。

協助導盲犬化解情感的羈絆

另外一個我們值得特別關注的是導盲犬。導盲犬必須從小開始揀選培養，在大約 2 個月大時與生父母分離，轉至寄養家庭生活，在那邊學習如何與人類一起生活並學習社會化，大約 1～2 歲大後轉至訓練中心由訓練師做進一步的訓練，合格後才分配至盲人身邊服務。通常一隻導盲犬會在盲人身邊服務到 8～12 歲，除非因為某些特殊原因而提早退休。

目前台灣的導盲犬機構都配有專業的訓練師及動物行為師協助犬隻與盲人之間的種種問題。但由於導盲犬必須與盲人有著相當緊密的互動，所以定會存在著情感層面的問題，例如：必須退休時、互動不良時、忽然的分離時（某一方的死亡或意外），這一方面，很可惜尚未有足夠完善的配備方案。

通常被揀選為導盲犬的犬種大都是拉不拉多犬、黃金獵犬、德國牧羊犬、金毛拉不拉多尋回犬，這樣的犬隻性格親人、情感面忠誠，善於服從也很有愛。牠們投入導盲的服務時會全心全意地協助盲人，盲人也會將牠們視為家人互動。往往一隻導盲犬會陪伴一位盲人至少 6 年的時間，最後退役轉往寄養家庭。

目前台灣的導盲犬機構，是採取讓盲人與退休犬隔離 3 個月的方式，來協助退休的狗狗可以回到正常生活，讓時間沖淡彼此的情感羈絆。但對於這類狗狗來說其實很難，對盲人朋友也是。如果可以有動物溝通師協助這方面的情感溝通、表達，相信能更圓滿彼此之間的緣分。

解開與人類互動不良的心結

在互動不良這方面，曾有學員遇到一個特殊案例，一隻很聰明也善解人意的導盲犬面臨被退件危機。學員與之溝通發現原來這隻狗狗習慣透過與人的視線交流來溝通，也就是牠是透過看人的眼睛來明白人的指令及心意。這在訓練期間完全沒有問題，但是去到盲人家庭就問題重重。狗狗無法明白為何盲人無法與牠眼對眼，這令牠感到挫折，無法達成被交付的任務。後來這隻狗狗因為溝通模式無法改變，在彼此互相理解之下，提早退休轉至寄養家庭。

溝通師在這方面協助解開了狗狗及盲人之間的誤解，讓狗狗不至於感到不被需要，盲人也理解了不是他對待牠的方式有誤，這算是一個還算平順的結局。其實，像這樣的溝通不良時常發生在跨物種之間。曾經有位學員在學習動物溝通時發現她與他人的毛小孩之間是溝通無礙的，但就是無法與她自己的狗狗溝通。她也很專注在整理自己的內在，也很願意誠實面對自己，所以應該是可以跟自己的狗狗溝通才是。

於是我與她的狗狗聊了一下，確認一下問題是出在哪裡。原來問題出在狗狗身上，狗狗以為牠得去學習如何跟人說話，這樣牠的媽媽才會聽得懂牠的話。我笑一笑跟狗狗說：「你如何跟我說話的，就照這樣去跟你媽媽說話，這樣就可以了，不用特別去學人說話啦！你媽媽已經為了你來學動物溝通了。」狗狗聽完，恍然大悟，自此牠與學員之間便可以互相交流了。

我相信只要找到問題的癥結點，再去轉化解釋，任何的溝通不

良其實都可以解決。前述的導盲犬應該也只是卡在以為只有看眼睛才能溝通，如果牠理解還有其他簡單的溝通方式，一定可以打開另一條與盲人朋友互動的路。

讓工作中的人與動物相互理解

除了導盲犬之外，動物演員們也是另一個很需要被理解溝通的群體。在馬來西亞，曾有過學員被電影製片請至片場協助溝通狗演員的案例。他們希望透過動物溝通來協助狗演員更理解表演的內容、同時確保牠的身心平穩，任何所需都能即時被傳遞。這個案例讓我印象非常深刻，也期望這能夠成為風氣，畢竟太多動物演員在拍片過程受到不適當的待遇，導致不必要的傷亡。

除了這部分，其實我們可以延伸聯想到導盲犬、緝毒犬、救難犬、醫院陪伴犬、療養中心的陪伴貓，甚至是農地耕作的牛都可以因為動物溝通而有所利益，可以適時地表達牠們的身心所需，在這樣的人與動物們互相理解之下，彼此合作、一起工作一定會更開心且愉悅。

動物溝通小技巧

· · · · · · · · · · · · ·

3個小方法讓你和毛孩更了解彼此

以下3個小方法是我們平常的動物溝通課會用到的一些小技巧,透過這樣的方式,我們可以練習跟家裡的毛孩兒們增進更多心靈層次上的互動,讓彼此更了解彼此。

1. **放鬆小冥想**

首先,請你閉上眼睛深呼吸。

深呼吸,讓自己慢下來,與自己的身體同在,吸氣時候感覺空氣流經你的鼻腔,氣管,你的肺。感受你的胸腔擴張,肩膀放鬆,憋氣4秒,吐氣……,慢慢地吐。

再一次深呼吸,這次感覺剛剛路徑所經過的器官覺受之外,想像空氣吸入你的肚子,感覺自己身體好像大了一些,在這裡憋氣4秒,吐氣……。

再次吸氣,持續感受剛剛所感受過的身體部位,這次嘗試讓呼吸更加深,

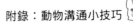

彷彿你的四肢也充飽了氣。

在這一呼一吸中，慢慢去感覺自己的皮膚與空氣的接觸面。如果腦中出現任何雜念或畫面，就將注意力拉回到深呼吸。一次次地，回到自身身體的覺受。動物溝通不是語言，是心靈及身體感官覺受的交流，因此將注意力從外界轉回內在是非常重要的練習。這能協助對於動物給予的訊息接收及辨認。

這個冥想能幫助你做到這樣的練習。可以反覆地經常做，對於身心的放鬆與平衡也很有助益。

2. 動物溝通敲敲看

閉上眼深呼吸，觀想自己不斷地擴大，大到跟地球一樣大、大到似乎可以感知整個宇宙的無邊知識……，再慢慢地縮小，回到你原本身體的大小（這個階段的練習可以反覆多做幾次，這是一個意識上的擴張練習。）

接著，取一張紙、一支筆，寫上你想對寵物說的一句話，想著你的寵物，以筆的尾端不斷敲擊這句話，試試看，你會收到什麼回應呢？

3. 畫畫法

取一張寵物照片，先觀察牠的姿態、毛流，深呼吸，把你想對他說的話，透過一筆一畫，慢慢說……，同時慢慢地去感受，牠此時正在做什麼？牠的肌肉、牠的容貌、牠的一呼一吸……，牠想告訴你什麼？想與你分享些什麼？在描繪的過程中，我們正在加深與照片中寵物在能量上的交流，你可能會有突然的靈感，或者聽到突然的一句話，肢體上突然的一個感受，不用著急……，慢慢地、細細地去感受，這屬於你們的平靜小時光。

動物溝通的倫理守則

· · · · · · · · · · · ·

1990 年 Penelope Smith 擬定

翻譯：林歆儒

1. 我們工作的動機來自於對一切存有的同理、渴望達到彼此更深的理解，尤其是協助人類恢復與其他物種溝通的本能。

2. 我們尊敬求助於我們的人，不因他們的錯誤或誤解而批判、譴責或干涉，且尊重他們對改變與和諧的渴望。

3. 我們知道為了盡可能維持此工作的純淨與和諧，持續的靈性成長是必要的。溝通過程可能會因自身不被滿足的情感、過度批判及對於愛的匱乏而影響中立。我們謙虛面對、願意承認並修正自己在溝通中所犯的錯誤。（對人類或其他物種亦然）

4. 為促進良好的溝通，我們提升知識，理解人類、非人類的物種間行為與關係，我們願盡一切努力學習或尋求協助，使工作過程帶著同理、尊重、喜悅與和諧。

5. 我們傳達個體最良善的想法，促使雙方互相理解並找出問題對策，我們只回應被求助的部分，以確保我們的協助能確實被接受。我們尊重他人的感受及想法，帶著同理心促進雙方的理解，避免只為其中一方爭取或抵抗。即使有些問題無法改善，我們也持續盡最大的努力。

6. 我們尊重個案主與同伴動物的隱私，且重視他們保密的意願。

7. 盡其所能之餘，我們尊重飼主意願並協助其照顧同伴動物。我們引導飼主學習理解自己的同伴動物，而非仰賴我們的溝通，並提供飼主能更貼近自己同伴動物、及與其共同成長的途徑。

8. 我們自知能力有限，適時尋求專業領域的協助。找出疾病或處理方式非我們的責任範圍，故生理上疾病的診斷需轉給獸醫。根據動物的描述我們可以轉達其想法、感受、疼痛、症狀等，以協助獸醫的診斷；我們也可以透過諮詢、壓力釋放或其他的療癒方式來舒緩同伴動物的不適。盡可能的提供資訊，好讓飼主自行決定如何處理同伴動物的痛苦、疾病或外傷。

9. 所有諮詢、演説、工作坊與跨物種交流的目的，在於溝通、平衡、同理一切物種。我們跟隨心的指引，榮耀萬有生靈與我們的一體性。

Code of Ethics for Interspecies Animal Communicators

. . . .

Formulated in 1990 by Penelope Smith

1. Our motivation is compassion for all beings and a desire to help all species understand each other better, particularly to help restore the lost human ability to freely and directly communicate with other species.

2. We honor those that come to us for help, not judging, condemning, or invalidating them for their mistakes or misunderstanding, but honoring their desire for change and harmony.

3. We know that to keep this work as pure and harmonious as possible requires that we continually grow spiritually. We realize that telepathic communication can be clouded or overlaid by our own unfulfilled emotions, critical judgments, or lack of love for self and others. We walk in humility, willing to recognize and clear up our own errors in understanding others' communication (human and non-human alike).

4. We cultivate knowledge and understanding of the dynamics of human, non-human, and interspecies behavior and relationships, to increase the good

results of our work. We get whatever education and/or personal help we need to do our work effectively, with compassion, respect, joy and harmony.

5. We seek to draw out the best in everyone and increase understanding toward mutual resolution of problems. We go only where we are asked to help, so that others are receptive and we truly can help. We respect the feelings and ideas of others and work for interspecies understanding, not pitting one side against another but walking with compassion for all. We acknowledge the things that we cannot change and continue where our work can be most effective.

6. We respect the privacy of people and animal companions wework with, and honor their desire for confidentiality.

7. While doing our best to help, we allow others their own dignity and help them to help their animal companions. We cultivate understanding and ability in others, rather than dependence on our ability. We Offer people ways to be involved in understanding and growth with their fellow beings of other species.

8. We acknowledge our limitations, seeking help from other professionals as needed. It is not our job to name and treat diseases, and we refer people to veterinarians for diagnosis of physical illness. We may relayanimals' ideas, feelings, pains, symptoms, as they describe them or as we feel or perceive them and this may be helpful to veterinary health professionals. Wemay also assist through handling of stresses, counseling, and other gentle healing methods. We let clients decide for themselves how to work with healing their animal companions' distress, disease or injury, given all the information available.

9. The goal of any consultation, lecture, workshop, interspecies experience is more communication, balance compassion,understanding, and communion among all beings. We follow our heart, honoring the spirit and life of all beings as One.

認識動物溝通的第一本書

在那些愛與療癒的背後

作　　　者　Yvonne Lin	地　　　址　106台北市大安區安和路2段213號9樓
編　　　輯　徐詩淵、吳雅芳	電　　　話　(02) 2377-4155
校　　　對　徐詩淵、蔡玟俞	傳　　　真　(02) 2377-4355
Yvonne Lin	E－mail　service@sanyau.com.tw
美術設計　陳玟諭	郵政劃撥　05844889 三友圖書有限公司
發 行 人　程顯灝	總 經 銷　大和書報圖書股份有限公司
總 編 輯　呂增娣	地　　　址　新北市新莊區五工五路2號
資深編輯　吳雅芳	電　　　話　(02) 8990-2588
編　　　輯　藍匀廷、黃子瑜	傳　　　真　(02) 2299-7900
蔡玟俞	
美術主編　劉錦堂	製版印刷　卡樂彩色製版印刷有限公司
美術編輯　陳玟諭、林榆婷	
行銷總監　呂增慧	初　　　版　2021年06月
資深行銷　吳孟蓉	一版二刷　2023年05月
	定　　　價　新台幣300元
發 行 部　侯莉莉	I S B N　978-986-5510-75-6（平裝）
財 務 部　許麗娟、陳美齡	
印　　　務　許丁財	
出 版 者　四塊玉文創有限公司	◎版權所有・翻印必究
總 代 理　三友圖書有限公司	書若有破損缺頁 請寄回本社更換

國家圖書館出版品預行編目(CIP)資料

認識動物溝通的第一本書：在那些愛與療癒的背
後/Yvonne Lin著. -- 初版. -- 臺北市：四塊玉
文創有限公司, 2021.06

面； 公分

ISBN 978-986-5510-75-6 (平裝)

1.寵物飼養 2.動物心理學

489.14　　　　　　　　　　110006194

毛孩的照顧學問

動物醫生：讓毛孩陪你更久：
結合中、西醫的觀點，為你解答動物常見疾病如何預防與治療

作者：葉士平（Dr. Eason Yeh，DVM）、林政維、春花媽
定價：320元

發炎、病毒、腎病、肝病、心臟病……這些常見的毛孩疾病，總是來得令人措手不及。為了讓他們可以陪你更久，你需要學著跟動物醫生做朋友，本書教你如何讓中西醫一同為你毛孩的健康把關！

動物溝通：一本可以解答你99%疑惑的溝通大全

作者：黃孟寅、彭渤程
定價：380元

大家或多或少對自己家的毛小孩都有一些了解，但是除了基本的情緒反應外，是否也想更了解毛小孩心裡的想法呢？本書透過101種練習法，從淨化思緒到接收訊息，教你喚醒沉睡於潛意識的本能，學會如何與動物溝通。

狗狗的愛：讓動物科學家告訴你，你的狗有多愛你

作者：Clive D. L. Wynne
譯者：陳姿君
定價：380元

為什麼你的狗狗老是盯著你看？為什麼你一起身，狗狗就知道你要幹嘛？著名犬隻行為科學家用最清楚的方式、最有力的論證，帶領你從內而外明白狗狗的行為與思考，不只讓你更了解狗狗，還讓你更愛你的毛寶貝！

新手貓奴日誌：獸醫師為你準備的完整照護指南

作者：留博彥、郭嵐忻
繪者：Jiji吉吉
定價：400元

你知道貓咪也會有牙周問題嗎？為什麼貓開始在異常的位置大小便？貓咪的行為又隱藏著什麼樣的警訊？從幼貓、青少貓、成貓、到中老年貓……每個成長階段會遇上的問題，疾病又該如何預防與治療，讓獸醫師一一為你解答。

生活的正面能量

寫給善良的你

作者：吳凱莉
定價：300元

親愛的，你的愛珍貴無比，千萬不要委屈了自己！寫給在愛、友情、人生裡迷失方向的你。兩性專欄作家凱莉，以犀利、幽默的口吻，直指關於愛情、婚姻、閨蜜情誼等各種疑難雜症，一起學習如何愛。

温語錄：如果自己都討厭自己，別人怎麼會喜歡你？

作者：温秉錞
定價：350元

不費力的生活從來都不簡單，人生絕不會只有「糟糕」的一面！只要心還是熱的，沒有什麼難關是過不了的。大聲告訴自己：人生與夢想，無論哭著、笑著都要走完！就和温秉錞一起品味人生百態，哭完、笑完後，心也暖熱起來！

為什麼我不快樂：讓老子與阿德勒幫我們解決人生問題

作者：嶋田將也
譯者：林依璇
定價：260元

獻給這個紛亂世代的人們。對生活開始不滿、對自己逐漸失望……現在就對人生下定義還太早，我們還有機會改變未來！讓阿德勒的被討厭的勇氣，以及老子的無為而治，為我們困頓的人生找到解答。

冥想：每天，留3分鐘給自己

作者：克里斯多夫‧安德烈
譯者：彭小芬
定價：340元

心靈療癒大師也是精神科醫師——克里斯多夫‧安德烈，藉由非宗教性的冥想，協助你改善情緒的困擾。教你每天3分鐘，運用40個冥想練習，體驗自己內在的轉變，你會發現，生活將變得更自在開闊了！

心靈的療癒成長

擺脫無力感：拿回人生主動權

作者：二美
定價：350元

人生不容易，誰不是一邊崩潰，一邊卯足前進？即使半吊子又笨拙，還是要懷抱夢想，拿回人生的主導權。這是一本不說大道理，最符合人性的治癒系拯救人生指南。

靈魂覺醒：擺脫負面印記，找回心靈能量

作者：紀雲深
定價：320元

生命的磨難、情感的傷痛、社會給予的壓力，你不禁質問自己：「我是為了承受這些痛苦而來到世上的嗎？」請不要絕望，透過本書作者的溫柔守護，你將重新尋見愛的真諦，進而直視內心的脆弱，蛻變成為全新的自己。

你，其實很好：學會重新愛自己

作者：吳宜蓁
定價：300元

「為什麼我總是在忍耐？」從小我們被教導著「以和為貴」，在不斷壓抑的狀況下，忽略了內心真實的聲音，別把忍耐當成生存法則，勇敢表達你的需求吧。你的人生不該活在別人的期待裏，要相信，你值得被好好對待！

氣味情緒：解開情緒壓力的香氛密碼

作者：陳美菁
定價：320元

在愛情中受挫、親情裡窒息，陷入人生低潮的時刻，讓氣味喚醒最深層的記憶，用最療癒的香氣，給你最關鍵的救贖。一步一步來，透過清楚簡單的教學，教你調出自己的專屬芳香，獲得自癒力量。

生命的重要課題

生命中遺憾的美好：珍惜有你的陪伴

作者：李春杏
定價：320元

曾在江湖叱吒風雲的大哥，面臨死亡的逼近也只能大聲呼救；儘管感情深厚的恩愛夫妻，也不得不面對死神帶來的生離死別。一篇篇臨終的生命故事，帶給我們珍貴的啟示，在分離時刻，好好道別，不留下缺憾。

生命的最後一刻，如何能走得安然

作者：瑪格麗特・萊斯
譯者：朱耘、陸蕙貽
定價：450元

死亡只是一個短暫的片刻，但從臨終到過世卻是一個過程。當來到生命最後的時日，你的預先安排，不只是為了能照自己所願的方式離世，更是因為愛──讓親密的家人感受到你自始至終愛著他們、為他們著想的心意。

直到最後的最後，我都會堅持下去！：小律師的逃亡日記2

作者：黃昱毓
定價：330元

就算起步晚，也許繞點路，但她選擇讓自己持續挑戰未知的世界！善用五年計劃表、三段時間法、便條紙筆記術，沒有超群的天賦，那就用超凡毅力和超前規劃，為自己打造不後悔的人生。

不只是陪伴：永齡・鴻海台灣希望小學與孩子們的生命故事

作者：永齡・鴻海台灣希望小學專職團隊作者群
定價：360元

永齡看見每個孩子的不同，用陪伴、理解與包容，為每個孩子想方設法，讓每個孩子，都能展現自己的優勢，有自信地繼續長大。30則動人生命故事，讓你看見孩子的努力與轉變。

親愛的讀者:

感謝您購買《認識動物溝通的第一本書:在那些愛與療癒的背後》一書,為感謝您對本書的支持與愛護,只要填妥本回函,並寄回本社,即可成為三友圖書會員,將定期提供新書資訊及各種優惠給您。

姓名 _____ 出生年月日 _____

電話 _____ E-mail _____

通訊地址 _____

臉書帳號 _____

部落格名稱 _____

1 年齡
□18歲以下　　□19歲～25歲　　□26歲～35歲　　□36歲～45歲　　□46歲～55歲
□56歲～65歲　　□66歲～75歲　　□76歲～85歲　　□86歲以上

2 職業
□軍公教　□工　□商　□自由業　□服務業　□農林漁牧業　□家管　□學生
□其他

3 您從何處購得本書?
□博客來　□金石堂網書　□讀冊　□誠品網書　□其他 _____
□實體書店 _____

4 您從何處得知本書?
□博客來　□金石堂網書　□讀冊　□誠品網書　□其他 _____
□實體書店 _____ □FB(四塊玉文創／橘子文化／食為天文創 三友圖書——微胖男女編輯社)
□好好刊(雙月刊)　□朋友推薦　□廣播媒體

5 您購買本書的因素有哪些?(可複選)
□作者　□內容　□圖片　□版面編排　□其他 _____

6 您覺得本書的封面設計如何?
□非常滿意　□滿意　□普通　□很差　□其他 _____

7 非常感謝您購買此書,您還對哪些主題有興趣?(可複選)
□中西食譜　□點心烘焙　□飲品類　□旅遊　□養生保健　□瘦身美妝　□手作　□寵物
□商業理財　□心靈療癒　□小說　□繪本　□其他 _____

8 您每個月的購書預算為多少金額?
□1,000元以下　　□1,001～2,000元　　□2,001～3,000元　□3,001～4,000元
□4,001～5,000元　　□5,001元以上

9 若出版的書籍搭配贈品活動,您比較喜歡哪一類型的贈品?(可選2種)
□食品調味類　　□鍋具類　　□家電用品類　　□書籍類　　□生活用品類　　□DIY手作類
□交通票券類　　□展演活動票券類　　□其他 _____

10 您認為本書尚需改進之處?以及對我們的意見?

_____

感謝您的填寫,
您寶貴的建議是我們進步的動力!